怪癖心理学

修订新版

あ な た の 中 の 異 常 心 理

［日］冈田尊司 著　颜静 译

湖南文艺出版社
HUNAN LITERATURE AND ART PUBLISHING HOUSE

博集天卷
CS-BOOKY

·长沙·

目 录
Contents

1
恐怖的完美主义

2

潜藏在身上的罪恶快感

3

从内心走出来的敌人

4

你被相反心理所愚弄

5

你身体里的另一个你

6

只爱玩偶

7

罪恶感和自我否定的深渊

结语：异常心理的根源

你的影子操纵着你

每个人都有异常心理

人是具有两面性的生物。任何人都有生活中的另一面，我们既有做正确事情的冲动，也隐藏着想要做坏事的冲动，这就是人。如果只是一味地要求自己做正确的事，而忽视自己内心隐藏的另一面，只会让自己变得怪异。

为什么有些有社会地位的人会因偷窥少女的裙底而被抓？又为什么有些明星会因盗窃或服用兴奋剂而被逮捕？甚至为什么一位普通的母亲会将自己的亲生骨肉虐待至死呢？

难道这一类事件都只是一些发生在特殊人群当中的特殊事件吗？绝对不是！其实很多人的内心深处都存在着具有危害性的不正常心理。

长期以来，我作为精神科医生诊治过很多这样的心理病人，他们深陷异常心理状态而无法自拔，并做出伤害他人、伤害自己的事情来。他们中有人从小没有得到过家人的爱，在充满暴力的环境下长大，因此患上了心理疾病；也有一些人过于要求自己去做正确的事情，适得其反，偏离了正常的心理活动和行为。

人本来就是具有两面性的生物，有些人没有真正理解这一点，强迫自己只去做正确的事情，结果适得其反，这样的事例在生活中不胜枚举。当你能坦然地接受自己的两面性的本性时，两面性的本性也会逐渐淡化，你会逐渐失去想做恶事的心理。

现实中，大多数人都觉得自己的心理是正常的，往往忽视了自己内心的另一面。但是他们又会在某个瞬间突然意识到自己内心的阴暗面。所以说，一味地要求自己做对的事情、好的事情，完全忽视自己内心的另一面，有可能遭受无法想象的困扰。

本书的目的之一是帮助你了解每个人心中都会隐藏着的另一面，这一面并非指人内心丑恶的异常一面，而是指扎根于人性本质当中的一面，即稍微换一种角度去看待人性中的"恶"与"异常"。而且，如果能够觉察到潜伏在自己内心中的异常心理，也能够帮助你健康安全地度过人生的低潮。

"异常心理"不等于"精神障碍"

至今很多有关异常心理的书籍，基本上只是在明确阐述"异常"这一心理状态；我所读过的围绕异常心理展开论述的书籍，大多也只是在罗列解说各种精神疾病的心理病名而已。

这样的书籍与其叫作异常心理书籍，倒不如叫作精神科症状学书籍，又或者叫作精神科诊断学书籍更为贴切吧。

在有关异常精神医学的教科书中，无一例外都只是在单纯地讲述精神医学，即把异常心理与精神障碍做同一认定。换句话说，这些书籍都将异常心理直接看作精神障碍问题。反过来说，就是如果一个人被看作有异常心理，那么判断这一点的前提条件便是这个人存在精神障碍问题。

我认为这种前提相当无厘头。首先，异常心理并不仅仅是伴随着精神障碍问题而来的。其次，精神障碍问题所具有的心理特征也并不仅仅局限于由异常心理而导致的心理特征。一个身心健全的人也经常会在某一瞬间受到异常心理的困扰而做出常人无法理解的异常举动。而且，具有精神障碍的人也存在与异常心理无关的其他精神症状及困扰。

虽然具有异常心理的人，其内心存在一定的心理异常，但是他们几乎不存在精神障碍患者所具有的典型症状。异常心理症状也有可能在某种情形下暂时出现在一个健康的普通人身上。更何况对于"异常心理"这一概念，就连讨论如何给正常和异常这两种心理状态划定界限都是毫无意义的，因为这两种心理状态仅仅只有程度与频度的差别而已。

异常心理中有意思的地方，并不在于正常与异常两者意义上的差别，而在于两者的相连性，即正常人的心理有时会演变为极其异常的状态。我们如果能认识到联结异常与正常的中间过渡的这一心理状态，就能理解很多极其异常的心理状态是如何产生的，也能帮助我们理解很多日常生活中经常遇到的连自己也难以理解的异常行为。

本书的探讨点在于，介于正常心理与鲜明的异常心理之间的，一种在任何人身上都有可能出现的心理状态。它与正常心理相邻近，稍一过度便会演变为异常心理。此外，这本书也会让你认识到，这种心理状态绝对不是只潜伏在某些特殊人群的身体里，而是同时存在于你我的内心之中。

异常心理所传递的真相

我们之前讲到，大多数异常心理的萌芽都产生在孩童时期，大多数人在孩童时期都多少存在异常心理的倾向，但是随着时间的推移，我们会在成长过程中慢慢将其克服。

也有一些人不断受这些异常心理的牵引，渐渐走向极端，最终演变成不合常理的极端异常心理。

普通人有时也会因置身于强大的压力与弄不清的纠葛当中，回归到本来应该已经克服的不成熟的心理状态，从而失去平衡，走向极端的异常心理。这种情况的发生，多数是受孩童时期成长环境的影响。

生活当中经常会有这样的例子。有些人通过自己的努力，在学业和工作上都取得了傲人的成绩，看似已经完完全全克服了过去的伤痛，然而一旦遭遇强大的压力，曾经所经历的创伤就会重新浮现，他们会再次陷入不稳定的心理状态中。

从这种意义上来看，婴幼时期到孩童时期的这段生活经历对于一个人人格基础的形成起着极其重要的作用。如果这段时期能够在相对安定的成长环境中度过，那么人便很难陷入极端的异常心理中，也很难做出危害社会、伤害自己的行为。

　　透视各种异常心理的形态，其共通的内在要素也逐渐浮现出来，即异常心理会告诉我们人类生活中所不可缺少的事物是什么。当这一事物受到被掠夺的威胁时，我们为了弥补这一事物的不足，甚至会与威胁展开殊死搏斗。而我们在这一紧急关头所采取的作战策略，就是在内心形成某种超越常识的异常心理来抵抗这种威胁。

　　因此，了解异常心理，不仅会帮助我们了解异常心理的内涵及其应对方式，还让我们了解到，使正常心理跨越界限踏入异常领域的重要因素是什么。为了在人生中不迷失自己，幸福地生活下去，我们也要从异常心理中探讨一下人类生存所必需的东西。

怪癖心理学

1

恐怖的完美主义

完美主义是异常心理的入口

完美主义是日常生活中常见的一种心理状态，它有时会被看作一种正常心理，有时会被认定为一种极端的异常心理。但完美主义和洁癖症一样，都具有强迫自己维持事物完整性及秩序性的心理倾向。

具有完美主义特质的人，当原本计划的事情没有按照自己所期待的方式展开的时候，会万分失望，认为整件事情糟透了。

完美主义在良性状态时，会成为积极向上、高水平表现的原动力。事实上，不论是在学业上，还是在职场、家庭以及子女教育上，完美主义者经常会取得较好的成果。

学生如果做不到要求自己在考试中拿到一份满分的答卷，便不可能取得优秀的成绩；无论是创作、演奏还是参加竞技比赛，若做不到完美无缺，便不可能获得让他人望尘莫及的技术性成功。因此，只有不断地追求完美，才能保持奋斗不息。

正因如此，完美主义多出现在对父母和老师言听计从的优等生身上。他们在努力追求完美的过程中，不断积累成功的经验，而追求完美所获得的各种成绩更强化了他们追求完美的欲望。

然而，完美主义是一把双刃剑。完美主义使人不断向上，但当这种对完美的追求遭遇困难时，完美主义者就会产生强烈的病态心理，此时，完美主义者若不能适时舍弃追求完美的心态，这种不完美的计划之外的现实状况便会使完美主义者陷入远超于非完美主义者的焦虑感中。不完美的现实已成定局，无论完美主义者如何努力都无济于事，这种努力追求完美的信念只会让完美主义者陷入痛苦的境地。

因此，当完美主义者在工作、人际交往、恋爱或子女教育等不是只靠个人努力便能解决一切问题的领域遇到问题时，他们会很容易受挫。这种追求完美的愿望会逐渐演变为想要控制周围的事，使其按照自己的预定计划进行的欲望。但这种控制欲不可能总是顺利达成，这又会让完美主义者感到挫败。

完美主义因此被看作一系列精神疾病和精神问题的先兆特质。抑郁症、厌食症、焦虑症、边缘型人格障碍、酒精依赖症和心身疾病等精神疾病，夫妻关系及其他人际关系的破裂，各种嗜癖行为，甚至虐待、自杀等异常行为，不仅与完美主义者自身所产生的精神压力有关，也与很难实现十全十美的现实息息相关。

无法接受妥协与模糊

　　完美主义者的这种追求完美的愿望，有时已超出完美地完成某种事务的境界，更多时候影响到了一个人的价值观和生活方式。

　　其表现之一便是注重事物的秩序性和社会道德观念。小到一丝不苟地整理房间衣物，时刻保持房间整洁，大到生活中事无巨细地遵规守矩，完美主义者对任何事情都亲力亲为，绝不允许有一丝马虎。这样的良好素质，无论是在家庭生活中还是在职场中，如果能积极追求，生活一定会幸福，拥有这种品质的人也会是优秀的管理者。

　　但若追求过度，不懂得妥协和通融，不能适度地接受模糊，就会引起不必要的摩擦和压力。比如，孩子弄脏了桌子，老公乱扔袜子，有些人甚至连轻微的污渍都忍受不了，光是看到这种场景就觉得污秽不堪，痛苦不已。

　　还有这样一些人，他们仅认可自己的做事方式，对于与此相悖的任何事物都无法接受，任何事情都要亲力亲为，任何事情都要干涉过问，结果使周围的人紧张兮兮，越来越没有干劲。

　　他们对他人的失误、不足也缺乏容忍度，哪怕仅仅是一次过错或不当行为也无法容忍。一旦出现这种错误，就与之断绝关系。不仅是对他人，他们对自己同样要求完美。

三岛由纪夫的完美主义

作家三岛由纪夫就是典型的完美主义者，这一点可以从他的作品中近乎完美的一字一句以及极高的作品完善度上看出来。而实际上，正如人们所知晓的，他本人的性格和生活方式都渗透着强烈的完美主义色彩。

众所周知，三岛先生极其看重约定。不管是写哪一部作品，他都会在截止日期前完成。据说他对时间的要求也非常严格，自己从来没有迟到过，也从来没有等候别人超过十五分钟。

据说三岛先生还是单身的时候，有一次他约女方吃饭，对方迟到了，于是三岛先生留下一张字条，上面写着"请慢用"，在离开之前他甚至连饭钱都付了。从这一件事情便可以看出三岛先生对于不守约定的人是如何蔑视与讽刺的。

还有一次，三岛先生与作曲家黛敏郎一起进行歌剧创作。黛敏郎因为没有按约定时间完成作曲，向三岛先生道歉并申请上演时间延期，三岛先生却直接取消了作品的上演。这件事也导致之后二人关系破裂。如若没有按最初约定的进行，三岛先生宁愿放弃也不会有一丝妥协。

这样的完美主义大概也是三岛最后选择自杀的凄惨结局的原因之一吧。

无法释放本能

　　具有完美主义特质的人总是被束缚在正直善良的义务感中，无法将自己的本能随心所欲地释放出来。他们认为本能和欲望是污浊邪恶的。

　　在性生活上，完美主义者通常表现得很僵硬，动作呆板拘谨，无法做到真正从内心去享受。这也是因为完美主义者太过束缚自己的内心，无法自由地释放自己的本能和欲望。这样的人，理性思维太过发达，压制了自己真正的感觉和想法。他们常常拘泥于表面形式，太过看重别人对自己的评价，最后都不知道自己原本期待的是什么了。

　　完美主义者总是能在虚幻的理想世界中找到自己所憧憬的爱人，因为只有在这样的假想世界中他们才能找到完美无瑕的对象，所以他们也常常会把偶像和明星看成自己理想的另一半。

　　而在现实中当那名异性出现在自己面前时，完美主义者又会觉得眼前这个人是如此滑稽、丑陋，爱情的幻想也随之破灭。完美主义者即使真正遇到了理想中的异性，也不能真实地表达自己的感情，因为对于尽善尽美的追求使得他们无法如实地袒露自己的欲望。如实地说出"我想看到你的肌肤，想和你一起做爱"这样的话，对完美主义者来说太伤自尊，因为亲口说出这样的欲望等于把自己性的缺乏以及渴望真实地展现出来，这无疑是对自身完美的自我否定。

完美主义的悲剧《黑天鹅》

由娜塔莉·波特曼领衔主演的电影《黑天鹅》讲述了一个完美主义者的悲剧，娜塔莉·波特曼也凭借这部电影获得了奥斯卡最佳女主角的殊荣。

影片讲述了芭蕾舞演员妮娜作为领舞被选拔为《天鹅湖》的天鹅王后，而天鹅王后必须同时出演纯真无瑕的白天鹅和魅惑邪恶的黑天鹅。有洁癖的妮娜在白天鹅的表演中无可挑剔，却始终无法演绎出极为妖媚的黑天鹅。总监托马斯告诉她必须完全释放自己，真正了解性的喜悦。但是妮娜对亲身体验性的快乐有极大的抵触感。不仅如此，完美主义的妮娜也无法接受邪恶的自己，常常有想惩罚不完美的自己的冲动，因此她经常摧残自己的身体。

为了能够完美地诠释黑天鹅这一角色，妮娜甚至濒临精神崩溃。她不断节食，身体越来越消瘦。为了能完全释放自己，妮娜甚至开始吸食大麻，放纵于情色肉欲之中。然而，这一切让她的精神更为错乱，最终陷入充满幻觉与妄想的世界当中。

影片中还有一位极其重要的人物——妮娜的母亲。妮娜的母亲也曾梦想成为一名出色的芭蕾舞演员，后来由于怀上了妮娜，不得不放弃梦想，但她又时刻都在憧憬这一天，于是她把自己的希望全部寄托在女儿妮娜身上。和所有精心呵护孩子的母亲一样，她对妮娜一直娇生惯养。但是，通过电影中的某些片段，我们可以窥视出妮娜母亲的异常心理。在得知妮娜被选为领舞的时候，她特地准备了一个大蛋糕在家里等妮娜。而妮娜却因正在节食表现得很不情愿，这时妮娜的母亲立刻变了脸色，要把蛋糕扔进垃圾箱里。

妮娜立刻慌忙上前安慰母亲，吃了一口蛋糕。妮娜这完全是在看母亲的脸色做事。从这一片段可以看出，表面上好像是妮娜的无私奉献的母亲支撑着一切，实际上一直费尽心机维持这一切的却是妮娜，妮娜的母亲一直是在依赖着妮娜而生存。

总监告诉妮娜，如果要感受到性爱的愉悦，可以尝试进行自慰。第二天早上，当妮娜醒来想在床上自慰时，突然发现母亲正在床后面的椅子上打盹儿。妮娜母亲的目光甚至投向妮娜的性生活，这一幕充分表现出妮娜的生活无时无刻不被母亲束缚着，她必须在背负苦痛的同时做母亲眼中纯洁无瑕的好孩子。

对在过度承受父母的期待及爱护的环境下长大的人来说，妮娜的情况绝对不是特例。她可以完美地诠释白天鹅的纯真无瑕，却无法演绎出黑天鹅的邪恶魅惑；她试图真实地表达自己的欲望，适度地追求自身本能的愉悦感，却时常被无处不在的母亲的目光所束缚和阻碍。

"我终于完美地做到了！"妮娜虽然品尝到了如此的成就感，达到了艺术的巅峰，却付出了无比沉重的代价——不仅失去了自己的肉体和灵魂，最后甚至昏死在舞台上。

潜藏在完美主义下的病理

完美主义也可以说是一种审美意识。完美主义者觉得欣赏完美的事物是一种美的享受。百分之九十九的美还不足以让完美主义者觉得满足，他们要求的是彻彻底底的、百分之百的美。可是百分之九十九和百分之百之间几乎没有实质性的差异，所以说，完美主义者的这种心态完全是一种极端的心理约束。从这一层意义上看，完美主义只不过是一种审美的满足。完美的事物，即没有任何瑕疵的事物，存在某种特殊价值，它与对事物的言语化、表象化的不断追求密切相连，因为如果没有言语或符号这类表象事物，完美的状态也不可能存在。因此，与某种表象完全一致才是完美的状态，而不断追求这种状态的正是完美主义。

也就是说，完美主义并不是创造出来的，其本质是强迫性地反复追求某一事物。对完美主义者来说，其最大的目的便是实现与预定计划相同的结果。而究竟为什么要反复强迫自己，这一点其实并不重要。反复追求同一性，可以说是完美主义者内心所具有的一种根本冲动。

探讨至此，我们便可明白，为什么一旦一个地方出了差错，完美主义者便很容易强迫自己反复去做。而且，所谓强迫性的反复行为，就是以反复自身为目的的。

　　完美主义者容易陷入各种嗜癖行为中，比如成为工作狂，患暴食症及酒精依赖症，反复呕吐，沉溺于减肥，无法停止自虐或是虐待别人等，其背后便是忘记了本来目的，为了反复而反复的强迫性反复病理在作怪，只是程度不同而已。

喜欢反复做同一件事的孩子

和小孩子一起玩耍几分钟，你就会发现他们特别喜欢反复做一件事情。总是反复地做同一件事，这对大人来说很没意思，却能带给孩子无比的欢喜。

很受欢迎的童话书，其结构基本上都是千篇一律的。即便如此，孩子们还是百听不厌，一直让你读给他们听。人类大概本来就有反复做同一件事的冲动吧，因为那样能让人心情舒畅，无比愉悦。

尼采在《查拉图斯特拉如是说》中宣扬"同一物的永恒轮回"是事物的终极真理，弗洛伊德在《超越快乐原则》中将"反复冲动"看作与性欲一样，是人类所具有的基本冲动之一。

随着我们长大成人，我们会逐渐放弃这种强迫性的反复行为，开始喜欢更加丰富多彩的事物。而当我们面临压力，失去平衡时，本来的反复冲动便会加剧重来。所谓的完美主义，在某种意义上可以说是一种超越反复冲动，向更高层次追求的升华形态，而这种追求一旦偏离方向，其基本的强迫性冲动部分便有可能表现出来。

优秀白领为何反复卖淫

生活中有些完美主义者，一旦在现实生活中无法得到满足，便会逐渐陷入病态性的强迫反复当中，甚至做出极其异常的行为。典型的例子便是一九九七年发生的东电OL[1]杀人事件中被害女子的双重生活。

涩谷圆山町的情人旅馆街上发生的这起杀人事件，它的特殊之处就在于，比起谋害者，被害者的一切更受人关注。人们开始只知道被害者是一名一流企业的白领，随着被害者的真实身份不断明朗，人们大吃一惊，原来被害者白天是一名综合职[2]职场女性，晚上则站在街头拉客。

联想到我们刚才所讲述的完美主义者所具有的病理性特征，也就不难理解这位女性异常的生活了。

尽管如此，对被害者的身份越了解，其两种不同身份之间的差异

---

1 Office Lady，即白领丽人，她们打扮入时，且具备一定的办事能力，属于美丽与智慧兼备的一类女性。——译者注
2 综合职是日本的一种用工制度。日本公司正社员一般分为综合职和一般职。综合职的员工必须服从公司要求，随时被派遣到外地的分公司工作，有时是海外分公司。综合职员工为公司的主体。一般职的员工没有被派遣到外地的担忧，但是也没有任何的晋升机会，以普通劳动力和女性居多。——译者注

就越明显。据《东电OL杀人事件专题报道》，被害者从庆应义塾女子高中毕业后直接进入庆应义塾大学[1]，后进入东京电力，开始踏足调查研究的领域，也曾写过有关经济学关系的论文。她的父亲在她大学期间去世，母亲的很多亲戚是当医生的，在这样优秀的家庭背景下成长，她所走的道路本该也是光明的。

然而，从她被害前几年开始，她不断地卖淫，招揽客人从来不管对方打扮如何。她在那个地段小有名气，据说每天从傍晚下班到末班电车之间的几个小时里，她平均接待四位客人。而且，休息日的白天，她也会做情人旅馆的卖淫女，晚上又会站在圆山町的街头。就这样，她几乎从不休息，反复卖淫。

据说，她最初要求客人支付的价钱是两万五千日元到三万日元，而在被杀前的那段时间降到了五千日元，有时甚至是三千日元。只要能招揽到客人，不管价钱多低，不管是什么样的人，她都会去拉客，然后带他们进入神泉车站前面的蔬菜店里交易。

关于圆山町那个地方，我也有些许回忆。我还在驹场读大学的时候，有个朋友住在圆山町的一间公寓里，所以我们几乎每天都会一起去一条小路上的居酒屋喝酒。从驹场到圆山町只有很短的距离，有几次我也曾在朋友的公寓里过夜。朋友的公寓和被害者被害的地方一样，厕所是任何人都能使用的公共厕所。那个时候，在神泉车站的周边也会有些像被害者一样偷偷站在街头的卖淫女，可她们并没有明目

---

1 日本知名的私立大学。——编者注

张胆地去招揽客人。如果不是朋友告诉我，我都不会发现她们。

我们可以看出，被害者每天的工作量相当过度。白天要在公司工作，晚上还要接待四位客人，这可不是一般人承受得住的，况且她还要亲自拉客。

被害者的遗物中有一个笔记本，里面满满地记录着客人的信息，她有一次还从家里打电话拉"生意"。据说为了节省客人负担的旅馆费用，她甚至约客人到公园里。现在想起那个稍微有点记忆的煞风景的公园，我便觉得不寒而栗。及至最后，她不再带客人去旅馆而是把他们带到废弃的空屋中交易，这也直接导致了她后来的被害。

为什么她要做到如此地步呢？经济上她并不困难。在一流企业工作，年收入将近一千万日元，即便是经济上有困难，她也有一个很好的社会地位。

她之所以卖淫，当然还是为了获取金钱。她平时花钱特别仔细，自己带的罐装啤酒一定要求别人付款给她。她会去居酒屋用捡到的啤酒瓶换些钱，还会把情人旅馆赠送的联票券认真收集起来，以便换些礼品。她也在卖淫这一职业上花费了相当大的精力，曾经为了多接待客人，竟然同时在一个地方接待三个男人。无论是老男人还是外国人，她从来不会拒绝。据说有一回她突然打开男性客人住的公寓门，并引诱说："今天要不要做爱啊？"

难道她是色情狂吗？似乎不是。因为她在做爱时没有感到一点快感，几乎不会发出声音。毫无疑问，她并没有把卖淫当作一份谋生的工作，她只是沉迷于卖淫女这一职业当中。

洁癖和饮食障碍

东电 OL 杀人事件中的受害者在高中时期虽有些洁癖，但总归是在良好的家庭环境下长大的好学生，这一时期她的洁癖还是正常健康的，甚至可以说是起到了积极作用的。

据说她的洁癖逐渐发展成病态是从大学时候开始的。她最尊敬的父亲由于癌症去世了。父亲只有五十多岁，人生刚刚过了一半就遗憾地走了，家里的顶梁柱没了，这无疑给家人带来了巨大的悲伤和沉重的打击。

她必须在全家人的悲伤中站起来，撑起这个家。从那时起，在周围人眼中，她就像变了一个人似的，高中时那个身体圆润丰满的女孩子开始变得瘦骨嶙峋，也开始变得让人无法靠近。身体开始暴瘦是因为她在父亲过世前后患了饮食障碍。据说她被害的那段时间，尽管已经瘦得皮包骨头了，还一直在吃减肥药。

厌食症中患饮食障碍的人的特点是他们很多都是极其勤奋努力的人。这位女性看来也具有这一非常典型的特征。学生时期，她对学习以外的事情概不关心，没有任何娱乐活动。她逼迫自己参加国家公务员的高级等级考试。朋友说她是个"只靠头脑生存，完全不懂娱乐的人"，这是多么让人痛心的事。

最终，她还是没有通过公务员的考试，和父亲一样，在东京电力就职。于是她又为成为经济学家而努力，开始不断发表论文。"工作真开心！"她曾自豪地说道。进入公司五年后，她因饮食障碍恶化住进了医院，这也是她工作太辛苦的缘故吧。

然而，在进入公司的第八年，在连续发表三篇论文以后，她就像燃尽的火焰一样，再也没有发表过论文。就如媒体所说，那个时候她刚开始在俱乐部做陪酒女，四五年后，她更是真真正正地进入了那个行业。

事业走到尽头，之前为事业所倾注的能量只能通过反复卖淫发泄出来。这种脱轨行为的产生，一方面是因为她感到事业已经到了极限，另一方面也是因为只有在卖淫的世界中她才能感受到自我价值的实现。

据说她曾经对一位比较亲密的客人说，她开始陷入卖淫而无法自拔是因为卖淫的第一位客人给了她一笔相当可观的钱。

对时运不济、开始走下坡路的人来说，能够让自己感受到自我价值的世界才是应该去的世界。即便那个世界是违法的或是不合乎道德的，但对急于得到认可的人来说，这样的问题恐怕不是什么重要的问题。

抹不掉的伤痛

人们经常固执于某种行为或想法，并且会有反复去做或思考的冲动，我们称这样的反复冲动为"强迫性冲动"。

日常生活中，人们经常会有这样的冲动，会不自觉地想去重复做某件事，而且觉得自己必须去做，这种强迫性冲动在不知不觉当中控制了人们的心理，操纵了人们的行为。

强迫性冲动到底是什么呢？我们可以从弗洛伊德发表过的某位女性的病例当中得到些启发。这位女性经常反复从自己的房间走进隔壁房间，然后把女佣叫来，吩咐女佣做一些无关紧要的事情。她为此感到很苦恼。而当弗洛伊德问她为什么要那么做时，她的回答自然是"不知道"。当治疗有所改善时，这位女性终于说出了一直压抑在她心灵深处的那段日子。

新婚初夜，她的丈夫阳痿，好几次进入房间试图和妻子圆房，但每次都无法做到。第二天，当女佣来收拾床铺时，这位女性生怕自己初夜失败的事情败露，便想用红墨水往床单上滴个印迹，可是她失手把印迹滴到了完全不可能出现的地方。

这位女性奇怪的强迫性行为，正是在反复表演丈夫新婚初夜很丢脸的那一幕。弗洛伊德在文中进一步解释说，因为丈夫说害怕自己阳痿的事情被女佣发现而丢失颜面，所以这位女性反复吩咐女佣做一些无关紧要的事，其实是想让女佣相信她的丈夫并没有阳痿。也就是说，她其实是想洗清那夜自己的耻辱。

然而现实是，从几年前开始，这位女子就已经和丈夫分居了，现在的她正苦于是否该选择离婚。弗洛伊德解释说，在这种情况下，有必要强调说明的是，他们分居的原因并不在丈夫阳痿的问题上。

暂且不论弗洛伊德的说法恰当与否，人类总有一种重复曾经失败或受伤场面的冲动，这一点是无法否认的事实。不仅是逐一回忆或是梦见曾经自己受伤的场景，而且还会通过各种各样的方式去表现或再现那场景。比如，小时候受过虐待的孩子，会做出虐待动物甚至自残的行为。不管是欺侮别人还是被别人欺侮，都可以看成一种过去受到伤害时的情景再现。

现实中也经常会有一些在父亲的家暴下长大的女孩子，她们最后也会选择一个有暴力倾向的男人做配偶。当然，最开始她们并不是因为那些人有暴力倾向才会选择他们，只不过结果是同样的状况再次出现在她们身上，她们还是生活在家暴下。在受过强暴性侵之类的人当中，有些人很难再与别人建立性爱关系，也有不少人从此陷入卖淫或是与此类似的生活当中。

之前讲过的东电 OL 杀人事件当中的被害女性也是一样。据说她曾向一些老顾客透露，她会陷入卖淫"生涯"的另一个原因就是她曾经和有家室的上司发生过婚外恋，因为她最后被抛弃，所以借卖淫来发泄。由此可见，强迫性的卖淫行为，与由无法开花结果的性爱关系而造成的心理创伤有关，在某种意义上可以说，东电 OL 杀人事件中的受害者的卖淫行为也是一种体外伤痛的"情景再现"。

印在心底的心理暗示

以上所说的强迫性行为都是纠结于某种心理创伤而导致的结果，除此以外，还存在另一种强迫性行为，它不同于心理创伤，是由从小便已印在心底的某种自我心理暗示所引起的。在这一类强迫性行为中，令人印象最深刻的例子当然是岸田秀先生了。我之前也触及过有关岸田秀先生的某些信息，现在，我在这里重新介绍一下。

作家岸田秀先生虽然不是精神科医生，但他在弗洛伊德的精神分析学方面有很深的造诣，人们所熟知的他最畅销的代表作品是《懒惰的精神分析》。岸田之所以会对精神分析学产生极大的兴趣，是因为其自身也曾苦于神经性的精神症状。岸田的症状很奇妙，据说他大学的时候总是反复想还给别人自己从来没借过的东西。比如说，他经常想还给别人自己没有借过的雨伞、金钱等。"我借给你过吗？"面对对方惊讶的表情，岸田总是坚持让别人收下，并编造一些从来没有发生过的事情。

岸田说他完全不知道自己为什么要那样做。第一次揭开事情的谜底是在他读了弗洛伊德所写的一份病例报告的时候。那份病例报告就是我们一般所称的"狼孩"病症，岸田读着读着便愕然了，因为狼孩的症状与他的症状完完全全是一样的。

在这一重大发现之后，岸田发觉，自己总是想要把从未借过的东西还给别人这一强迫性行为的根源与母亲经常对自己所说的话有关。实际上，岸田是他母亲领养的孩子，他的养母对他精心呵护，把他抚养长大，每天都会对岸田唠叨说："你知道把你抚养长大有多辛苦吗？需要花多少钱吗？"她还时常对岸田灌输这样的话语："你一定不能忘记我的养育之恩，将来一定要报答我。"

岸田认识到自己的问题之后，一直束缚在他身上的强迫观念也逐渐消失，他再也没有想把没借过的东西还给别人的冲动了。

人总是会被小时候父母经常唠叨的话语感染，从而形成一种心理暗示，在不知不觉中被它支配。在现实生活中这种现象绝不少见，甚至可以说，我们大多数人都会被这种心理暗示所牵引。这种心理暗示只有在当事人做出特别让人无法理解的事情时才会被当作"精神症状"问题来对待。只要其与日常生活保持一体化，多数时候还是被看作理所当然的现象。

我们再回头看东电 OL 杀人事件中被害者的故事，可以发现有一种心理暗示一直在驱使着被害者，那便是她必须努力工作，必须承担起一家人的重担。这种心理暗示无疑从小时候开始便被植入她的脑海当中。"比起玩耍娱乐，自己更应该努力去做自己应该做的事情，并且一定得拿出成果。"这一强迫观念绝对不是一朝一夕便能建立起来的。

由此我们可以推测，被害者是受双重强迫心理的驱使而陷入病态性的强迫行为中的。其中一个强迫心理便是她那种凡事都要追求完美的信念，这一信念从小便扎根于她的内心世界；另外一个强迫心理便是她无法忘记曾经受过的伤害，从而促使她反复进行没有爱情果实的性爱行为。再加上巨大金钱财富的引诱，在短短的几年里，那种异常行为便成为她生活的一部分。

当挥之不去的强迫性冲动与一颗受过伤的充满仇恨和孤独的心灵结合在一起时，便会造出一个不拒任何来客的卖淫女，这是多么令人心痛的事情。

甘地的故事

　　洁癖、丢弃私欲、为善，这样的心境是很令人崇敬的。可是，洁癖这一点，有时稍稍行之过度便会呈现出与病态性强迫症状相差无几的"异常心理"。

　　印度独立运动之父——莫汉达斯·卡拉姆昌德·甘地，他的洁癖是出了名的，并且他还推崇禁欲。他的洁癖也许是与生俱来的，而他会推崇禁欲这一尤为严酷的行动，与曾经发生在他身上的一件不幸之事有关。甘地在很年轻的时候便已结婚，有一晚，当他看到病榻上的父亲病情稍微稳定时，便离开父亲回到了自己的卧室，放肆地与妻子缠绵起来。然而，就在他离开父亲后不久，用人便跑来说他父亲生命垂危。在父亲临死之际，自己竟然沉溺于肉欲当中，这让甘地感到了强烈的负罪感。

　　"一切都完了！我只有紧搓双手。我觉得愧痛交加。我跑到父亲的房里。我知道如果我当时不为肉欲所蒙蔽，我就能够在他的最后一刻分担他的痛苦。"（《甘地自传》）

　　在那之后，甘地的孩子在出生后三四天便夭折了，这更增强了甘地内心的罪恶感。甘地觉得，这是自己所犯罪恶的报应。

　　为了弥补自己内心的创伤及消除罪恶感，甘地越发追求禁欲的生活。他在年轻时就已经有此征兆，随着时间的推移，他的这种追求变得越来越强烈，首先表现在素食主义及抛弃一切虚伪物质的洁癖性格上，这两点也成为他日后不断陷入纷争的根源。后来甘地成为律师，从来不轻易妥协的性格也让他不断卷入各种纷争之中，他逐渐成为反对非正义斗争的领袖人物。而另一方面，他越发严厉地抛弃各种私利私欲，生活也越发简单朴素。

比如说，一开始，他不去洗衣店而是自己亲手洗衣服，就连衬衫的领子也亲力亲为。他认为这样不仅可以节省洗衣的费用，而且不用麻烦别人，依赖他人。当然，作为洗衣门外汉，甘地洗出来的衣服并不怎么干净，有时还会闹不少笑话，但他毫不介意。他也不让别人给他理发，而是自己用理发推子理发。理出来的样子从镜子里看勉强可以，可是后面却推得深一块浅一块，但是甘地从来不在意这些。他不让用人打扫卫生间，而是自己亲自动手。在当时，律师的地位是很高的，但甘地的行为却有悖于常人。

他从南非返回印度的时候，他的支持者给他举办了一场盛大的送别会，并赠予他很多价值连城的珠宝首饰作为饯别礼物。为了南非的印度人，他从欣喜若狂的妻子手中强行拿出一半的宝物作为信托财产留了下来。

甘地逐渐不依赖任何人，所有的事情都亲自动手。他开始亲手做面包，就连做面包用的小麦粉，他也不去买而是自己制造。他买下一片农场，开始了顺其心意的自给自足的生活。

不仅他沉溺于这样的生活，就连他的家人也被卷了进来。甘地希望自己的孩子能够和贫苦人家的孩子在同样的环境中成长，所以他不但不提供特殊教育给孩子，甚至连基本的读书写字的机会都很少提供。但他自己却受过高等教育，曾在英国留学。不得不说，甘地确实是一位自我放纵及蛮横的父亲，强行要求自己的孩子遵循他所崇尚的信念。

最后甘地开始了完全禁欲的生活。他禁止自己喝茶，甚至不吃豆类和盐，即便对素食主义者来说豆类是极其重要的蛋白质来源。最后他连谷物都不吃了，只吃水果（自己农场里价格低廉的水果），而且开始定期绝食。

甘地为了维持生存只摄取极少量的营养，这导致他身上没剩一点赘肉，完全是一副皮包骨头的模样。这与仅以少量食物来支撑自己持续工作的厌食症患者又是多么相似。

只是，甘地绝食最主要的理由是绝食对控制他的情欲非常有效。甘地对父亲的死所抱有的罪恶感一直折磨着他的内心。这种强迫自己艰苦修行的能量，也成为甘地成就伟大事业的原动力。

完美主义与不洁恐惧

具有强烈病态性完美主义（拘泥于事物的完全性）的人，一旦其追求完美事物的想法得不到实现，便会觉得痛苦不堪。而在青年时期，人们的完美主义心理很容易加剧。

病态性完美主义的表现形式多种多样。表现频度最高的便是不洁恐惧，其表现特征为：不能碰别人的手碰过的门把手或是水龙头，如果不戴橡胶手套或是口罩便会觉得心里不安，不能坐别人坐过的马桶座，等等。

这种病态心理一旦加剧，他们会逐渐不能触碰一切别人接触过的东西，不能见人，连外出都会变得困难。他们不理发，不洗澡，总是穿同一件衣服，长久下来人会变得极度肮脏，恶臭不已。

与其说具有不洁恐惧的人是害怕不干净的东西，倒不如说他们是害怕自身受到异物的侵害。

因此，他们不会在意由自身所造成的不洁。所以说，不洁恐惧的本质是一种自我爱恋，这种自我爱恋使具有不洁恐惧的人对侵害自身的事物感到过度不安，所以他们拒绝靠近与他人有关的一切事物，只追求自我保护。

钢琴家格伦·古尔德以其各种各样的怪癖为人所知，而他也是一位极端的完美主义者，具有严重的不洁恐惧。音乐会上，他特别在意观众的咳嗽声或是其他声音，并把这些杂音看成有碍自己完美演奏的敌人。渐渐地，到最后，他不再举办任何音乐会，只以没有任何观众聆听的录音方式发表作品。

音乐本来是时间和空间的一种享受，只有观众和演奏者同时存在才有意义。格伦·古尔德的这种拒观众于千里之外的演奏方式，是一种完全排除他人而只按自身的想法来解决问题的异常方式。如果只是追求由自我控制来完成完美作品的话，最终选择录音的演奏方式或许并不稀奇。

传统的录音其实是一项巨大的工程。指挥家威尔海姆·富特文格勒的著名演出就像人们所说的"带有他走向指挥台的脚步声"一样，与其说他把不完美的因素及杂音看作一种带有气息的东西，倒不如说在他看来，这些声音的存在才使音乐具有让人身临其境、一气呵成的韵味。从这种意义上看，过于完美的作品，只是任意时间都可完成的制成品而已，缺乏鲜活的生命力与事物的多变性。

但是，有时我们习惯于没有任何杂乱，并把太过"干净"的东西认为是理所当然的。从这一点也可以说，完美主义和不洁恐惧其实已经开始渗透于我们现代人的心理当中了。

导致死亡的病态性完美主义

对具有强烈完美主义心理的人来说，对不完美事物的恐惧会让他们对自身的存在产生深深的不安。有时在其他人看来只不过是句玩笑话的事，他们却会为之苦恼，应对稍有不当，他们甚至有可能选择自杀。

病态性完美主义就是这么一种严重的异常心理。

对于不完美事物的严重恐惧，其中一种表现形式叫丑形恐怖，或叫躯体变形障碍，多见于青年时期，也见于中年以后。患有丑形恐怖的人会格外在意自己身体上不完美的部分，比如面部或身体上的小瑕疵、不对称等。他们过度在意自己的体毛、体臭或是体汗，认为"我的鼻子是不是稍微偏左了一点，嘴形是不是有点左右不对称"等。因此，当他们花几个小时不停地照镜子时便会感觉无比绝望。

这些人经常耻于和家人或朋友谈论这些，而当他们想倾诉时，大多数情况下家人和朋友根本不能理解他们的痛苦，所以他们渐渐不愿和人说起了。

有个男人总是纠结于自己的臀部左右上翘得不一样。可是每次去看医生，医生都只是告诉他不要太在意。然后他又想找医院为自己做整形手术，可是没有一家医疗机构认真对待。

就这样，有一天，绝望的他自杀了。谁都没有想到他会如此想不开。

有些下颌关节紊乱的患者，也会因为过度在意这一面部缺陷而自杀。下颌关节紊乱的确是件让人担心的事情，由于太过担心而倍感痛苦，这种焦虑在某种程度上是我们一般人都想象得到的，而一旦想不通就去自杀，这一点通常是别人无法理解的。然而在具有病态性完美主义心理的人看来，他们所感受到的那种痛苦又的确足以让他们走到自杀的地步。

为何在成功的顶峰选择死亡

完美主义者是很努力的人，他们为达到自己理想的完美目标，对任何事情都会付出比普通人更多的努力。当事情按照他们的计划进行时，他们的这些努力便会发挥健全的机能，从而有利于优秀业绩及目标成果的达成。而一旦中途受挫，完美主义者追求完美的欲望便会开始变质，他们会在一些毫无意义的事情上努力，结果使得自己的生活停滞不前，自身痛苦不已。

这些很努力的完美主义者，在任何事情上都不会让自己松懈，哪怕是在将自己逼向死亡的事情上。对这样的人来说，他们只有不停地做才能证明自己的存在。他们甚至会为一次完美的自杀而给自己制订一份缜密的自杀计划。

对完美主义者来说，些许的失败或是计划之外的事情也会轻易给他们的心灵带来沉重的打击。具有完美主义倾向的人，当他们的人生走上坡路的时候，他们会发挥极强的能量，一步一步地爬向成功的阶梯；而当人生走下坡路的时候，他们的心灵会变得极端、脆弱。

在一般人看来就是处于成功顶峰的人很容易选择自杀，而这种状况经常发生在完美主义起反作用的时候。

其中一个典型的例子便是三岛由纪夫的自杀事件。造成三岛这一凄惨结局的便是他的完美主义。猪濑直树在《三岛由纪夫传》中提到，在众人眼中三岛是一个天才，而实际上那只是他不同于寻常努力者的一面而已。

当时，三岛在大藏省工作，每天下班后都会回家写作，一直到凌晨两点，第二天一大早再去上班。他每天的睡眠时间只有三四个小时。即便在社会上已小有名气，他也没有满足于现状，而是致力于写出更有野心的作品。就像我们之前所说的一样，他从来都没有错过交稿日期，无论在酒席上玩兴多么高涨，到了晚上十点他都会立马起身离开。这是一种充满禁欲的且自我控制力相当强的生活状态。

九个月后，三岛辞去了大藏省的职位，并把自己作为作家的命运赌在了新作《假面的告白》上。起初，这部描写同性恋以及性虐待等性倒错的告白小说，在出版发行时并没有如三岛所愿受到人们的追捧而大卖，据说三岛颇为懊恼并一度后悔自己辞去大藏省的工作。

小说在出版半年后开始受到人们的关注，终于有了第二次加印。小说被收录进新潮文库之后，销量大增。从那以后，三岛的作家生活可以说是一帆风顺，接下来的长篇小说《爱的饥渴》销量达七万册，他二十九岁时出版的《潮骚》更是一经发售就立刻成了风靡一时的畅销书。由他的小说改编而成的电影也引起了巨大的轰动，三岛真正成了国民人气作家。他三十一岁时创作的《金阁寺》被看成最杰出的作品，获得了极高的评价，也成为当时的畅销书。接下来的《永恒的春天》的销量更是突破十五万册。

三岛使尽浑身解数，花费三年时间完成的巨著《镜子之家》终于问世。虽然这部作品的销量也达到了十五万册，在商业化销售上取得了成功，却受到批评家如此评价："三岛可是第一次写出这样的作品来。"这让三岛第一次尝到了受挫的滋味。从那时开始，三岛身上源源不断的运气开始笼罩上了一层乌云。

接下来出版的《宴后》让三岛被原外务大臣有田八郎以借助小说侵犯个人隐私的名义提起诉讼。在各项纷争之中，三岛完成了以劳动争议为题材的社会派小说《绢与明察》，并想借此作品让自己"起死回生"。但是，这部作品并没有如他所期待的一样大卖，销量仅仅止步于一万八千册。而与三岛萎靡不振的情势相反，大江健三郎等新一代作家的作品开始成为社会话题，销量也远远凌驾于三岛之上。三十岁便已到达事业顶峰的三岛，四十岁时命运便已衰败。从那时起，三岛的内心开始充满绝望。

即便如此，三岛的作品还是得到了全世界读者极高的评价。从他四十岁那年开始，他的名字每年都会出现在诺贝尔文学奖的候选名单中。可是，三年后获得诺贝尔文学奖的并不是三岛，而是川端康成。这是三岛自杀前一年发生的事。据说三岛自己也曾经预言说："接下来如果是日本人获奖的话，那么不会是我而是大江。"

在他准备自杀的当天，他将自己最后的作品《丰饶之海》的最后一部《天人五衰》的最终章的原稿交付了编辑。我们仿佛可以看到，三岛已经开始关心如何在世人面前戏剧性地结束自己的人生了。从某种意义上也可以说，他在过了四十岁后，差不多用了四年的时间来为自己准备一个完美的"死亡舞台"。正如三岛自身的行事作风，直到临死那一刻，他也依然按时交稿，按照自己计划好的场景在完美的

"死亡舞台"上落下人生的最后一幕。无论何时三岛都按自己计划好的步骤去行动，从这一点我们也可以说，三岛的人生是史无前例的完美主义者所追求的人生。

而三岛的例子也告诉我们，追求完美的人生并不一定是幸福的。

扔掉完美主义吧

完美主义可以是把人推向成功之路的原动力，而当它开始发挥反作用时，也会变成将不完美的自己逼向死亡的杀人工具。

完美主义广泛渗透于现代社会中，可以说它是现代人罹患抑郁症与自杀率不断上升的原因之一。如今西方个人主义流入，重视个人选择的存在主义价值观不断蔓延，很多人选择了一味地实现自我这种生活方式。这种价值观旨在追求自我的完美，轻视人与人之间或者个人与集体之间的相互关系。

每个人都梦想自己有一天成为光鲜艳丽的明星或是成功者，而现实又是如此残酷，过高的理想只会带来更多的失落。

在这种形势下，任何事情都追求自我完美的心理只会给自己增加痛苦。无论你在学业上取得多么优异的成绩，之后的人生都是个未知数。

倒不如说，只有承受得起不完美的自己，才能在如今这个时代中幸存。当然，坚持追求自己的梦想依然很重要。但是，如果你真心想要实现自己的梦想，那么当自己不得志时，一颗能承受不完美的自己的强大内心，才是你所需要的。

即使满身泥垢也坚强生存

英国作家科林·威尔逊离开工业高中后做了一名工人，在此期间，他曾梦想有一天能成为一名作家。然而，在长时间工作后的疲劳困倦的状态下，他根本没有力气写作。

为了节省出租房的费用，他开始在公园里露宿，用仅有的一点存款勉强糊口，经常出入图书馆，最后终于完成了自己的处女作《另类人》。最终，《另类人》成为世界级的畅销作品，科林·威尔逊终于实现了自己的作家梦想。

作家乔治·奥威尔曾经无家可归，他将这段体验描述进他的作品中，从而建立了他作为社会派作家的社会地位。正所谓跌倒也要有跌倒的意义，把不完美时的自己以及凄惨的生活经历当作以后成功的种子。相反，对完美主义者来说，连泡澡都不能得到满足的生活只能是一种累赘。

在日本也有一个人，他的苦难经历完全超出了上文的两位前辈，他就是水木茂。水木的前半生充满挫折且逆境不断。他是个非常难做到早起的人，一般在学校上第二节课时才出门，他这种我行我素的性格当然和当时的时代格格不入。他没能升入中学，不管在哪里就职都会立刻被人解雇。他只好从事自己喜欢的绘画事业，于是想考入美术学院，又因学历低被取消考试资格。他又决定考高中，却在五十一个考生五十个名额的情况下成为唯一的落榜者。他去参军，被殴打的次数最多；虽然担任军队的喇叭手，却因一直吹奏得不好而请求调单位，结果被派到了拉包尔港。他作为敢死队队员被送了出去，上面命令说如果被俘干脆牺牲，活下来就被当作卖国贼处置，他却奇迹般生还，长官都责备他："为什么你没有去死？"不久，他染上了当地的疟疾，在还未康复之时又在敌机的空袭中受伤，失去了左臂。

即便如此，水木仍然积极地从事自己一直喜欢的绘画事业。复员后，他一边在染坊工作，一边在自己心仪的美术学院读书。可是好景不长，染坊倒闭了。为了生活，他根本顾不上上学，开始辗转从事卖鱼等各种各样的工作：三轮车车夫的工作好不容易步入正轨，三轮车却坏掉了；终于可以作为连环画作家勉强生存下去，连环画剧产业却开始走下坡路；开始改行做贷本漫画[1]家，不久贷本漫画又落伍了。为了生存，水木开始作为漫画家为杂志作画，就这样他终于抓住了成功的机会。

如果水木拘泥于追求完美的人生，那么他有多少条命也不够用。穿着一块兜裆布在丛林当中逃窜几天几夜，即使长官命令他去死，他也时刻为生存而努力，正是这样一种精神力量让他最后发现了希望。

---

1 贷本是租赁的图书、杂志的总称。贷本漫画指的是日本专门制作的用来租赁的漫画。——译者注

怪癖心理学

心理学

2

潜藏在身上的罪恶快感

被犹如麻醉般的快感控制时

大概是上幼儿园大班的时候吧，有一天，我和孩童时代的一个伙伴在家门前的小河边捉泥鳅，捞水藻，可能当时已经玩腻了这些老一套的游戏，突然想要做一些刺激的事情。小伙伴发育得好，头脑转得快，经常会有一些坏点子，他先想出一个坏点子：朝前面路上骑车的人扔水藻。

当然，我们也担心那样做会把人惹毛，可这位小伙伴的胆子非常大。当第一个骑自行车的人过来时，他没有扔中，水藻从骑车人的背后擦过。接着是一个骑着小摩托车的女人，我们砸中了她车子的货架。小摩托车就那样离开了，小伙伴非常得意地大笑，我也开始觉得有意思起来。

小伙伴拿了块更大的水藻，等待下一个猎物出现。这次是一个骑自行车的大叔，大叔骑得飞快，但是小伙伴好像已经掌握了诀窍，唰地一扔，水藻正好砸到大叔的肩膀。大叔肩上的水藻迎风飘舞，随着自行车离去。那可笑的场景让我俩忍不住哈哈大笑。

就在这时，已经离去的自行车突然掉转方向骑了回来。我们连滚带爬地从河边一溜烟地逃走了。大叔脸色大变，把自行车扔到一边，大声叫嚷着向我们追来。我吓得魂都掉了，小伙伴动作敏捷，跑在了前面，只有我被抓住了。

大叔被我们气得不得了。他好像也看到了罪魁祸首是我的同伴，于是把我扔在一边，继续往小伙伴逃跑的方向追去。小伙伴穿过我家，逃进了邻居家，大叔见状只好作罢，正要离开时，小伙伴却哭着被邻居家的大婶牵着手走了出来。邻居家的大婶似乎以为是大叔对小伙伴做了什么严厉的事情。小伙伴完全把自己的恶作剧抛在脑后，最后竟然"聪明"地把自己变成了受害者。

我之所以把这段故事拿出来讲，是为了探讨儿童时期的这种恶作剧跟成人世界里的反社会行为之间究竟存在什么关系。小时候谁都会有那么一两次因为太淘气而被父母教训的经历，请你回忆一下当时的自己淘气时的心情，是不是没有感到恐惧，反而感到一种欢欣雀跃的乐趣？

其实这都是些最常见的事情，大多数人长大后会很容易将这些事忘掉。小时候玩恶作剧，因为年龄太小，还不能真正理解有些事不能做，还不能判断是非；但也许不仅仅是因为太小不懂事，做那些恶作剧的时候，应该还伴随着快乐和兴奋。玩恶作剧时看到他人受灾苦恼，自己会觉得很有趣。因为能让自己享受快乐与愉悦，所以不知不觉就那么做了。

诸如"快乐杀人"这一异常严重的犯罪行为，电视上的这种犯罪报道铺天盖地，而我们也经常会觉得这些犯罪行为都是带有特殊性的，殊不知这些犯罪行为与我们小时候的恶作剧极其相似。

暴力行为也是一样。为什么人会做出暴力行为？我们在探讨暴力行为这一话题时，经常会忘记在施暴的同时，暴力同样给施暴者带来了强烈的快感这一事实，所以施暴者会觉得暴力行为是一件极其有趣的事情。

　　据说有这样一个少年，他在欺负比自己年龄小的软弱对手时，大脑会一片空白，感到一种犹如被麻醉过的快感。伴随着自己的意识完全消失，理性也逐渐被麻痹，以此获得的快感甚至不亚于吸食毒品之后的快感。我们暂且不谈这些程度上的差别，小时候欺负比自己软弱的对手时会感到热血沸腾，稍微长大点，那种快感或许会被我们找个似是而非的借口隐藏起来，使它埋藏在心底，不再在表面上表现出来。然而当剥开我们内心表面的那层皮时，里面所隐藏的快感还是会显现出来。

欺侮、家庭暴力或虐待容易上瘾

欺侮别人会产生一种快感，一种如毒品一般让人上瘾的快感，因此，在欺侮别人时很难让自己停下来。在欺侮行为开始之前，双方也曾相安无事地度过，而欺侮一旦开始，如果不加以适当的处理，两个人只要见面，欺侮行为就很容易持续下去，就像吸食毒品后人们很容易上瘾一样。

对欺侮别人的人来说，欺侮对象犹如可以给自己带来快感的毒品。同样是平等的人，欺侮别人的人却把对方当成毒品的替代品，这种心理确实可以说是在享受一种罪恶的快感。欺侮别人的同时可以获得快感，这一回报又很容易加剧想去欺侮别人的心理，从而让人嗜癖成性。

家庭暴力以及虐待也是如此。在对家人施暴或是虐待别人的时候，不管有没有意识到自己在做什么，这些行为都会给施暴者带来一种快感。虽说父母并不是因为喜欢打孩子才去打孩子，但是在打孩子的那一瞬间，父母以一种权威者的地位对不听话的孩子施加惩罚，会让自己体会到能够支配一切的快感。

通过暴力压制自己的恋人或是配偶也是同样的道理。施暴者对对方施加暴力，证明自己才是支配者，同时享受到让对方服从自己的快感。有时，和暴力行为一样，家暴的目的是在给对方带来痛苦的同时，体会支配的快感。

只要能通过某种快捷方式达到支配别人获得快感的目的，人就很容易嗜癖成性，一旦出手便无法停下来。实际上，不管是家庭暴力还是虐待，现实中这两种行为的发生情况和欺侮行为一样，多数案例都表明在这些行为发生之前双方曾相安无事地度过了好几年。

欺侮、家庭暴力、虐待，要克制自己做出这些行为，需要很强的自觉意识以及日积月累的自身努力，而要想沉溺于这些行为中却不需要付出任何努力。所有能够不劳而获或者很容易就可以得到回报的事情，都容易让人获得某种依赖感并且嗜癖成性。

对于罪恶快感的依赖，一旦开始蔓延，便很难消失。

虐待和欺侮是罪恶的温床

虐待和欺侮是发生在我们身边的最常见的恶劣行径，它们也是衍生所有罪恶的温床。与一些严重的犯罪案件相比，我们一般不会把虐待或者欺侮看作很严重的问题。

然而，人类的异常心理以及类似犯罪的异常行为是如何产生的呢？随着近几年来这一问题不断明朗化，这一问题的答案也逐渐浮现出来：虐待、欺侮等随处可发生的伤害行为才是酿成几乎所有罪恶的温床。

虐待、欺侮这类恶劣行径可以直接对孩子的发育产生影响，从根本上扭曲孩子的身心发展。虐待、欺侮这类行径还会给孩子最基本的安全感以及孩子对他人的依赖与共鸣，甚至孩子的世界观和未来观，笼上一层阴暗的黑影。

在这种环境中长大的孩子会出现各种心理障碍。他们不会相信他人，不会爱护他人，也不会尊重他人。不仅如此，充满虐待、欺侮的生活环境还会在周围的人以及孩子的心里撒下罪恶的种子，从而使罪恶扩大再生。

不管是虐待还是欺侮，它们在违背人类应该爱护他人、尊重他人这一点上是一样的。岂止是不去爱护他人，它们对受害者的伤害简直无法想象。

　　而且，因为受到这样的伤害从而让自己也走上伤害别人的道路，这种事在现实中也时有发生。

沉迷于怪异行为的儿童

宫本辉的名作《泥河》以战后贫苦时代的大阪为背景，讲述了两个少年之间的友情以及最后两人分手的故事。主人公少年信雄与父母一起生活在自家经营的乌冬面店里。信雄偶然与少年银子和喜一相识。银子和喜一在土佐崛川边摆渡的小船里与母亲一起生活，他们的母亲以在船上卖淫为生。喜一没有上过学，虽然信雄感到自己的境遇与喜一如此不同，但两人还是结为了朋友，而信雄也逐渐被喜一母亲那微微出汗的"苍白纤瘦的身体"所吸引。

在一个天神祭的夜晚，信雄打算用父母给的零花钱去买自己喜欢的火箭模型玩具。可是喜一却把信雄托他保管的钱弄丢了。喜一为了赎罪，也为了哄心情低落的信雄开心，打算去偷一个火箭模型玩具回来，信雄无法接受喜一的做法，他对喜一说："这样做可就是小偷了啊。"于是喜一哭着向信雄道歉，并要把自己的宝物给信雄看。

喜一将信雄带到自己的船屋里，把河蟹的蟹巢捞出来给信雄看。这时，信雄无意间看到船屋里喜一的母亲正和一名男子做爱，于是便想回家。为了留住信雄，喜一说要告诉信雄一件"特别有趣的事情"。于是，喜一让河蟹喝下灯油，然后一只一只地往河蟹身上点火。看到河蟹在青白色火焰中痛苦摆动的情形，喜一竟说："漂亮吧。"信雄感觉怪异，说："快住手！"喜一却着迷般地继续做着这一怪异的游戏。

之后一段时间，两人不再经常往来。后来的某一天，信雄听说喜一住的船要离开现在摆渡的地方，于是跑去与喜一道别。信雄一边追着船奔跑，一边大声叫着喜一的名字，可是船的窗户一直紧闭着，渐渐远去。

喜一为信雄展示的那个隐秘的游戏，对喜一来说是一种特别的乐趣，那个游戏也一定是只属于喜一自己的秘密游戏。虐待毫无抵抗力的生物，这也许是长期以来承受着愤怒与寂寞的人才会有的心理。而这种心境，对虽说贫穷却有父母陪伴，一直在爱的守护下成长的主人公来说，是绝对不会理解的。

有一个少年，从幼时起便不断受到母亲的虐待。当有一次被母亲用水果刀刺中之后，他开始经常毫无理由地发脾气，并且开始沉溺于一些常人不会喜欢的游戏。他经常把猫抓来，然后把它们折磨至死。这种残忍的行为让其他小朋友毛骨悚然，大家也逐渐疏远了他。即便如此，他还是无法停止虐待猫，有一次甚至在一天之内杀了五只猫。他一年内杀死了七十多只猫，几年间，他家附近几乎看不到有猫出没。

还有一个少年，长期在被人疏远的环境下长大，渐渐沉溺于玩火的游戏。每当看到烈火燃烧的场景时，他都会兴奋不已。公开玩火惹得他人生气后，他会躲起来继续玩火。他会往小屋上点火，因为他住在渔民街，他甚至还会往船上放火，看着烈火熊熊燃烧的场景，他就感到非常兴奋。

人们之所以反复地去做一件事，是因为可以从中获得某种快感。

即使做这些破坏行为的初衷是给他人制造不愉快，破坏之人同样也能从中获得快感。如果"快感"这个词用在这里有语病的话，也可以说是"消遣解闷"。人们是不会反复去做一些没有回报的事情的。

但是，为什么一定要从罪恶的行为当中获取快感，舒缓心情呢？

因为沉溺于某种破坏性行为的人，只有过被人伤害的经历，也只体味过被人阻挠的心情。他们没有被爱护和受尊重的记忆。

过度饮食症与偷窃癖

我们身边最经常发生的犯罪行为——偷窃，与依赖食物的过度饮食，看似是完全不相干的两种行为，但事实上它们之间存在着一个很大的共通点，那就是两者都容易发生在小时候没有得到足够多的爱的人身上。特别是在年轻女性身上，多会发生两者并存的情况。

我们会看到这样的新闻，某著名好莱坞女星或是某个有社会地位的人，为了一些不值钱的东西去偷窃。很明显，他们并不是因为缺钱缺物才去偷窃。那么为什么这些人不惜牺牲自身的名声与地位，把几十块钱的东西放进自己的口袋里呢？很多人心中都会有这样的疑问吧。

即使不是明星，在那些偷窃的惯犯中，等到没钱了才去偷窃的人也是极少数的。有些人的房间里堆满了偷窃来的一模一样的东西；也有些人从来都没有读过自己偷来的漫画书，只是成堆地放在那里而已。

他们并非为了满足自己的经济需要而去偷窃，更贴切地说，他们是为了偷窃而偷窃。心理上的得利远远大于经济上的得利。因此，这样的人被抓后根本不会觉得自己做了什么于己不利的事情，即便知道自己会受到法律制裁而损失一大笔金钱，他们还是会情不自禁地将手伸出去。因为对他们来说，首要的是自身心理的满足，以及自己内心所获得的快感。

这和喜欢过度饮食的人的行为极其相似。过度饮食的人并非为了补充营养而沉溺于过度饮食，甚至可以说，他们其实已经营养过剩了。这样的人经常在好不容易把食物塞进嘴里后又马上吐出来。他们的行为并不是为了满足自己身体的需要，而是为了饮食而饮食，其行为本身就是目的。也就是说，在以行为自身为目的这一点上，过度饮食与偷窃癖非常相似。

可是，这个时候我们不禁要问，为了偷窃而偷窃，为了饮食而饮食，这到底是为什么？

答案之一便是这两种行为都伴随着极其强烈的心理快感。把东西偷来放到自己的口袋或是手提包里的时候，会紧张得心怦怦跳，同时会感到一种无法言说的快乐，过度饮食的快感也是如此。

他们一方面会担心自己进食过度了，另一方面，过度进食对他们来说充满魅力，犹如一次禁忌的疯狂聚会。实际上，过度饮食行为有一个专门用语叫"Binge Eating"（暴饮暴食），原意是指疯狂地、尽情地吃东西。

患暴食症的女性在对自己过度饮食充满罪恶感的同时，也感受到一种巨大的诱惑力。因为过度饮食和性行为一样，会让人产生一种本能的快感。

但是，偷窃东西，吃不需要吃的食物，这对具有健康心态的人来说是无法得到快感的行为。所以多数人不会冒着被逮捕或是损害自身健康的危险去偷窃或者过度饮食。

然而，对有偷窃癖及暴食症的人来说，由于那种快感是如此强烈和持久，他们即使清楚这样做的后果，也依然无法停止。

为什么会发生这样的事情呢?

这个问题的答案与潜藏在这两种看似毫无关联的行为最深处的本质问题有关,即本篇开头讲述过的经验性事实:偷窃癖与暴食症一样,容易发生在小时候没有得到足够多的爱的人身上。

也就是说,这两种行为的产生,是因为行为人小时候心灵深处缺失某种东西,对所缺失的东西产生了一种饥饿感,结果被某种想弥补这一缺失甚至到过剩程度的冲动所驱使。对物品的贪欲,对食物的贪欲,其实都是爱的替代品而已。

要想改善这两种行为,关键是要给予患者足够的爱与关心。如果只是简单地将这两种行为当作一种精神问题来看待,那么无论你花多少心思,最终都只是徒劳而已。我们要认识到因为有饥饿感才会有贪欲。只是想尽办法阻止这种由贪欲引起的行为,无论如何都是没有用的。

快乐电路一旦接通便持续循环

我们可以从所有异常的行为当中找出一种典型构造，那就是以自身为目的的"自我目的化"。我们每个人的社会价值观虽然多少有些不同，但总体上看人们对于自我目的化的行为都会产生一种生理上的反感。

比如，同样是杀人，不得已为了自卫而杀人，与以杀人本身为目的并从杀人中获取快感而杀人，我们对两者的理解方式是完全不同的。对于后者，即自我目的化的杀人行为，我们在感到异常的同时，也会产生一种强烈的厌恶感及难以饶恕的愤怒。

我们认为东电OL杀人事件中的被害者行为异常，是因为卖淫这一行为本身就是一种自我目的化的行为，被害者沉溺在这种困境中无法逃脱。

在这些行为里，简单的快乐电路被接通，形成闭合电路。在这种简单循环电路当中，其他的任何事物都被排除在外，不存在任何与其有共鸣的东西。也正因为如此，在不存在任何其他事物的情况下，追求自我目的化的快感很容易失去自我控制的车闸。

说谎的快感

　　自我目的化的嗜癖之一便是撒谎癖。

　　如今，相比技术化智力的进步，人类智力的进步更大程度上依赖于社会智能的发展，而社会智能中一个重要的能力就是伪装，也就是撒谎、表演的能力。

　　人类通过伪装的方式让对方放松警惕，从而控制对方，以此欺骗敌人，让敌人落入圈套，从而打败远远凶恶于自己的敌人。人类通过各种方式来伪装自己，实现临场救急，获得有利形势。这些作用本身就是伪装所具有的一种正常功能。在某种范围内，我们可以宽恕那些装病不来上班的人，因为过于老实，一天都不偷懒而辛勤工作的话，身体也会累垮的吧；假装自己很认真地工作，其实是在偷懒，这样的做法有时候也是必要的。

　　但是，如果借伪装来逃避某些麻烦事，并从中获得他人的亲切关照，这样的做法一旦演变为自我目的化并逐步升级，便容易踏入异常心理的领域。正要上学的时候，假装自己肚子痛，只是这样也就罢了，如果反复哭诉自己肚子痛得厉害，应该马上去医院做手术，恐怕就超出常理了。抛开开腹手术带来的痛苦及术后残留在肚子上的可怜的伤痕等不利影响，对伪装的人来说，同样可以获得极大的好处。他可以受到他人无微不至的照料，还能免于做一些其他的日常琐事。

实际上，因原因不明的腹痛需要做好几次开腹手术的情况也确实存在。我自己就亲身经历过类似的事。我的肩关节经常反复脱位，一边的肩关节脱位后，用石膏固定，即便如此，活动也很不自由，不自觉就把另外一边的肩关节也弄脱位了，最后只能到医院接受治疗，请求别人的照顾。

这样的行为叫作"做作性障碍"，又称"孟乔森综合征"。孟乔森是一个喜欢吹牛皮的男爵，这位喜欢吹牛皮的男爵经常在人们面前展示他身体上的伤痕，并骄傲地吹牛说那是他在一场著名战役中留下的。

做出生病样子的做作性障碍患者，与被称为讲空话的病态性撒谎癖患者一样，都是为了引起他人的关注和关心才说谎的。哪怕是付出受伤或者失去信任这样的代价，他们也会反复故意地那样去做，这种行为便是自我目的化的行为。这会给他们带来一种快感，其背后隐藏的便是对他人的关心和照顾的饥饿感。

孟乔森综合征中有一种叫"代理做作性障碍"的特殊病症，指的是假装自己的孩子或是家人生病或受伤，以此获得他人的同情或支持。或者通过给孩子买保险的方法来获得住院保险金或者死亡保险金，这种行为所带来的利益更加巨大，有些人一旦尝到了这种行为所带来的快乐滋味便会上瘾。即便没有保险金这一金钱的利益，仅仅是孩子死亡这一点就可以获得周围人的同情，而自己就能成为悲剧的主人公，能够体会到这种心情本身对有些人来说就是一个巨大的好处。

有一种行为与做作性障碍很相似，叫诈病。所谓诈病，只是简单地假装生病，它与做作性障碍不同的地方在于，做作性障碍不仅仅是假装生病，本人身上真实地存在着某种伤痕或是生病的症状。

从前，据说为了免于被送到前线，士兵会喝大量的酱油，因为那样能让自己的脸和手脚肿胀起来，让别人误以为自己真的病了。这种生病症状是实际存在的情况，不能叫作诈病，而应叫作做作性障碍。

为了逃避战争，获取某些实际利益而假装生病，这一点还可以理解。而有些人为了某些并不能获得任何实际利益的事情而假装生病，伤害自己的身体，更有甚者不惜自残，失去自己的手脚，这样的人想必是有一种相当强烈的对爱的饥渴，强烈地想得到他人的爱和关心。

裸露是舒爽的

大家都知道，裸露癖是一种在公共交通或马路上向他人展示自己的性器官，从而得到快感的性倒错行为。裸奔也曾流行于一时，指的是学生等年轻人全身赤裸地在马路上奔跑，惊吓路人。裸奔也是裸露行为的一种。

从生物学的角度来说，裸露行为是一种炫耀自己的羽毛或身体的一部分（包括性器官）的行为，是一种求爱信号。从这个意义上可以说，裸露行为是生物与生俱来的行为。

雄性猴子一到发情期，就会得意地炫耀自己勃起的阴茎。如果是在动物园这种非自然的环境下，发情期的雄性猴子有时会对人类女性显露自己勃起的阴茎。雄性猴子的这种本来是为了引诱雌性进行性行为的行为，并非想和人类女性交配，而只是为了显露自己。这些猴子长期生活在动物园的笼子里，它们同样明白前面走过的观赏自己的人类女性不会是自己性行为的对象，但是，向她们显露一下自己的阴茎依然会给它们带来某种快感。

从某种意义上说，被关在动物园的笼子这种特殊环境里的猴子与我们人类也有相似之处。我们被关在社会规章与理性这些看不见的笼子里，当旁边有位极具魅力的异性走过时，我们连一根手指都碰不得，更遑论性行为了，这种禁忌一直束缚着我们。

笼子里的猴子也是一样，它不会有直接采取行动的念头，只是通过显露的方式来满足自己，而这种裸露行为在不知不觉中演变为一种与其说是替代行为，不如说是自我目的化的裸露癖。

裸露行为原本是为了引诱异性进行性行为，当性行为被禁止后，裸露行为本身变成了行为的目的。而裸露行为之所以变成了行为的目的，是因为裸露行为是伴随着快感的，让别人看、被别人看这样的裸露行为是刺激的，可以让自己心情愉快。

将自恋症理论化的科胡特提出，在典型的裸露癖患者的案例中可以看出，他们都是在孩童时期的自恋阶段，即夸大自体阶段产生固着，倾向于追求某种可以映现出自己的镜像化存在。裸露行为不仅仅经常表现出性的意味，多数时候也是为了达到惊吓对方的目的。具有裸露癖的人，人格上多数会有些像小孩子的地方，他们会倾向于说谎话，会过分地表现自己，也会有其他一些性倒错的倾向。这些人通常在小时候想获得更多的关注，却一直不被人关心。裸露癖似的愿望，正是以小时候没有得到满足的自我表现的欲望为基础的。

演员在舞台上或是银幕上时之所以能借用"演技"这一假面在观众眼中丢掉自己原本的一切，展现出栩栩如生的另一番姿态，也是因为这种行为从根本上可以给他们带来一种裸露癖似的快感。我曾经向演艺圈的人询问过他们的体验，多数人的回答都是被人注视的那种快感是难以形容的。对有裸露癖似的愿望的人来说，演员这个职业一定是最幸福的职业，因为他们可以通过自己的职业来满足自己的快感。

一般人即便有裸露癖似的愿望，也只能以某种更谨慎的方式来满足自己。在西方，由来已久的化装舞会，就是一种将自己一半的真面目隐藏起来，大胆地展示自己的集会，其作用便是将人类内心深处裸露癖似的欲望尽情地发泄出来。

如今，动漫真人秀盛会也可以看成化装舞会的替代品。网络游戏也是一样，将自己的真面目隐藏起来，让游戏里的角色作为自己的傀儡去表演大胆的动作，从这一意义上也可以说它是化装舞会的一种延伸。

一个人的性爱

因感染艾滋病而去世的法国哲学家米歇尔·福柯本身是一名同性恋者，他在他的系列演讲《不正常的人》中提到，"畸形人[1]""需要改造的人"以及"自慰者"构成了十九世纪的异常性概念，并且，米歇尔·福柯认为这三者是相互关联、相互交错重叠的。

也就是说，在当时，自慰行为不仅仅是身体及精神出现问题的原因，还被认为是一种道德的堕落。

十九世纪后半期，当音乐家瓦格纳与哲学家尼采感情破裂的时候，瓦格纳对尼采最严重的中伤，便是说他沉溺于自慰。还有一种说法认为这并不是瓦格纳对尼采的中伤，而是出于对尼采的关心，是瓦格纳通过自己熟识的医生给尼采提出的亲切忠告。然而，这样的"忠告"挫伤了尼采的自尊心，足以让尼采从昔日的瓦格纳的崇拜者转变为敌对者。试想一下，在十九世纪"自慰者"这个词意味着什么，结果便理所当然了。

在当时那个时代，时刻监视孩子的行为，防止他们染上自慰的恶

---

1 它不是指生理上有缺陷的人，而是指对法律构成了障碍，使法律陷入困境的案例。——译者注

习，是在家庭和学校宿舍中广泛实施的行为。这种对自慰的看法即使到了二十世纪依然残留着浓厚的色彩，直到二十世纪七十年代以后，随着各种以新兴性科学为基础的革新化启蒙书的出现，这类消极否定的看法才逐渐淡去。

当我还是医学系的学生的时候，同年级里有个男生，他每天必须自慰七次，虽然这件事情在班里已经尽人皆知，也不是什么可隐藏的秘密了，但是每当同年级的学生谈到这个话题时，语气里依然带有相当强烈的嘲讽。

自慰之所以会给别人带来一种不太正面的印象，主要还是因为它是真正的性行为的一种替代，沉溺于这种行为便是以替代行为为目的，多少让人感到不健康。

从这种意义上看，比单身者的自慰问题更严重的也许是明明已经结婚有配偶了还继续自慰的人。从二十年前开始，我就时不时听到这样一些事情：妻子一直与丈夫过着没有性爱的生活，突然有一天妻子发现自己的丈夫正沉溺于"一个人的性爱"，从此深受打击。这样的事情在现实中也许并不少见。

也许是受晚婚化的影响，有位男子坦白说自己二十年来都在自慰，到如今根本停不下来，对他来说，比起真正的性爱，自慰更能让他获得快感。

如果一个人觉得和伴侣进行性行为必须很小心，而自慰行为却让他感到没有顾虑很轻松的话，那么自慰行为便不是性行为的替代品，他已经陷入自我目的化的阶段了。即便不能说自慰行为是一种异常行为，但如果把自慰行为自我目的化，从人口不断减少这一点出发，也是一个现实问题。

　　通过自我刺激获得快乐，因为不需要他人插手，很简单就能满足自己的需要，所以很容易让人养成一种无休止的嗜癖。对酒精或者药物的依赖等诸多依赖症，也都是通过自我刺激获得快乐，从而陷入这样的陷阱中。

他人的不幸是蜜味的

中世纪的英国发生过这样一件事情。在一个叫考文垂市的地方，市民一直苦于繁重的赋税。领主夫人戈黛娃不忍心看到市民的生活如此凄惨，多次恳求自己的丈夫减免赋税。可是，顽固的领主从来都没有接受她的恳求。在夫人不断恳求下，领主终于坚持不住说："只要你裸体在大街上走一趟，我就满足你的愿望。"当然，领主那么说是因为觉得夫人肯定会知难而退。

然而，夫人戈黛娃却接受了这个考验，只不过条件是在市里贴出告示，命令任何人都不许出门。夫人戈黛娃骑着马，披着一头及腰的长发，赤身裸体地绕着考文垂市走了一圈。市民们怜悯夫人戈黛娃，谁都没有想去窥视她裸体的样子。可是一个裁缝店里的叫汤姆的男子，透过门上的小孔偷窥了夫人戈黛娃的身体。结果，汤姆遭到报应，眼睛失明了。据说自此人们便把"偷窥狂"这个词写作"偷窥的汤姆"（Peeping Tom）。

人们之所以谴责偷窥的人，不仅是因为这些人单方面地侵犯了他人的隐私，而且是因为偷窥行为是一种幸灾乐祸的不道德行为。偷窥别人的时候，自己可以看到对方，对方却看不到自己。但即便这种没有互动性的单方面的行为会受到人们的谴责，依然无法阻止偷窥者从中获得快感。

实际上，窥视别人的私生活对大多数人来说似乎也是一种令人愉悦的行为，特别是在看到他人不幸或是羞耻的样子时。一些关于他人丑闻的事件之所以总会被杂志或是电视铺天盖地地报道，恐怕也是因为不少人对窥视别人的私生活很感兴趣。

从这一点来看，窥视这一爱好已经广泛渗透到整个社会当中了。我们每天都能通过电视镜头窥视他人的不幸或者私生活。当然，看到那些陷于不幸的人，多数人都会为其感到悲伤。但当你自己失去亲人，生活在不幸中时，应该不会希望无关的人看到自己不幸的样子吧。

但是，电视镜头不会顾虑到这一点，它毫无顾忌地踏入你不想被曝光的领域，因为这是观众的需求。不管是什么冠冕堂皇的理由，其隐藏在背后的根源都是看到他人的不幸能让人愉快这一"偷窥的汤姆"似的快感。甚至可以说，偷窥这一爱好已经是日常生活中人们娱乐的一部分，已经成为一种健全的娱乐形式了。

伊拉克战争中，我们通过巴格达上空的电视镜头看到房屋和车辆被导弹攻击后一片狼藉。看到这一破坏性场面时，有多少人会想到那些失去的生命以及战争所带来的伤痛？倒不如说大家就像在看游戏中的场面一般，更多的是感叹场面有多壮观而已。

然而，即使只是看电视的普通现代人，窥视行为一旦自我目的化，就会发展成异常行为。以窥视行为本身为目的的异常行为被称为"偷窥癖"。对没有窥视爱好的人来说，这样的行为只会让人觉得愚蠢无聊，而具有偷窥癖的人明知会因此被人谴责，依然沉浸在这种异常行为中。在水冲式厕所还没有普及的时代，曾经有一个男子被抓，原因就是他穿着雨衣，撑着雨伞，偷偷潜入厕所便槽中，试图从便槽的小孔中仰头偷窥女性。

现如今，有偷窥癖的人也开始使用各种高科技装备，比如通过藏在包里的高性能相机偷拍女高中生的裙底，可这仍然是一种极其笨拙无聊的行为。

教师或警察等一些公职人员因偷窥或偷拍行为被捕，这样的事件时有发生，被捕的人当中甚至还有明星和学者。由此可见，偷窥行为对有偷窥癖的人来说具有强大的诱惑力。

为偷窥女高中生裙底而做出"令人钦佩"的努力，以及在客厅里一边吃饭一边看电视里播放的某些凄惨场景，如果追究这两种行为到底哪一种是异常的，恐怕也会有人为这个问题而伤脑筋吧。前者是被禁止的"异常"行为，后者则是任何人都会做出的"正常"行为。然而，就像在下一篇中我们将会谈到的，如巴塔耶所言，正是由于这些"禁忌"的存在，才会有色情社会学的出现。

罪恶哲学家巴塔耶的色情社会学

　　法国小说家、思想家乔治·巴塔耶创造出的独特的"罪恶的哲学"，直到今天仍然受到很高的评价。

　　巴塔耶所提出的至尊性或色情社会学等价值观念，与基于人类的崇高品质或纯粹的爱的人性、博爱等观念完全相反。当然，他也不认可道德的价值以及就连尼采都肯定的生命的价值。他认为美和生命只有与丑恶和破坏性相结合时，才会存在反论的价值。而色情社会学正是在矛盾存在的瞬间才能散发它的光芒。

　　巴塔耶认为，色情在禁忌被侵犯时才会产生。而色情也正是人类的性快乐和动物的性快乐的区别所在。人类社会把性与死亡作为禁忌排除在外，这对于维持秩序与协作是必需的，而性与死亡同时也束缚、压制着人类。当人类侵犯这些禁忌的时候，在意识到罪恶的同时也感觉到了色情的存在。

　　然而，不同于我们通常所理解的爱的喜悦，巴塔耶说，色情总是形单影只的。色情与我们想象中的爱是完全不一样的。巴塔耶所说的色情里欠缺能互相共鸣之物。

　　巴塔耶同时也论述："色情在根本上带有死亡的意义。"他认为，"汝莫杀人"这样的死亡禁忌是一种最强烈的压制，也正因为如此，不管是他人的，还是自己的，最强烈的色情总是隐藏在危及生命的行为背后。

实际上，巴塔耶对死亡的研究极其着迷。他一直沉迷于研究阿兹特克族血腥的活人献祭仪式。研究这些死亡，从根本上会有一种让人联想到自身死亡的诱惑，巴塔耶如是说。

"我自身的死，正因为它是下流的，所以它就像能勾起令人恶心的欲望的脏东西一样，一刻都离不开我的脑海。"（《乔治·巴塔耶传》）

在巴塔耶的自传作品《我的母亲》中，他曾这样说道："我宁可被处罚……我想在自己的处罚中大声笑出来。"

如果从常识性的价值观角度看，巴塔耶的哲学是病态的、非日常的、罪恶的。有人把从破坏性的事物里发现令人陶醉的事物这一人类思想，看成一种带有危险性的思想，并对此深感厌恶。

然而，直至今日，巴塔耶的哲学和文学吸引了大批读者，他具有作为思想家所不可动摇的稳定地位。巴塔耶的思想如此被接受和评价，其原因不必说，皆因他挖出了人类内心深处所潜藏的另一事实。犯下无差别杀人罪的罪犯自愿获得死刑时说："我本来就想要尝试死刑。"他们志在追求那一"至高的瞬间"，试图在恣意的破坏及杀戮中寻找被贬低的人生在最后一刻所发出的光芒。这些人的心理与巴塔耶的愿望竟然有如此惊人的重叠之处。巴塔耶的"罪恶的哲学"对于理解那些不可能理解的，而且依常识而言犯下令人作呕的凄惨事件的人的心理，具有重大的作用。

隐藏在其背后的到底是什么呢？创造出"罪恶的哲学"的巴塔耶到底是一个怎样的人呢？

颠倒错乱的孩童经历

巴塔耶中途退学，成为一名学习认真的神学院学生，后转到古文书学校，并在国家图书馆谋得一席职位，成为一名在外人眼里正经的图书馆馆员。他小心谨慎地从自己的表面面目中脱离出来，化名发表自己的著作。

在去国家图书馆就职以前，他的人生发生了一次重大变化。二十四岁的时候，他以第二名的成绩从古文书学校毕业后被派往马德里的西班牙高等研究学院。那件事就发生在这个时候，长期压抑在这个模范青年的内心及身体里的东西一下子爆发了出来。

当他被舞女及吉卜赛歌手的"色情"吸引的时候，他的内心就已经开始出现异常，而斗牛场上发生的事情则成为改变他人生的决定性瞬间。

巴塔耶当时目睹了一场可怕的事故，一名年轻的斗牛士撞在了一头公牛的角上，随之丧命。公牛的角两次穿透斗牛士的身体，最后"深深地挖出了他的右眼"。在目睹这惨不忍睹的场面时，巴塔耶感到某种从未有过的快感，他发现了为这一场面倾倒的另一个自己。

"就是在那个时候，我开始明白不快往往是最大的快感。"

可以说，以那时为转折点，巴塔耶从根本上颠覆了自己的人生观。他改变了一直以来品行端正的生活姿态，开始不断进出各种淫荡场所及赌博场所，不可自拔。

表面上，他仍然是国家图书馆馆员，亲切，有教养，是一位无可非议的绅士，而同时他的私生活又极其放荡不羁，他开始化名发表一些颠覆性的作品。

这种两面性的性格，与其说是为了掩盖真实面目，不如说这才是巴塔耶的真实写照。就像之前讲述过的，巴塔耶所认为的"至高的瞬间"，正是指在生与死、美与丑、秩序与破坏等一系列相互矛盾的两面性急促重叠下，破坏将秩序吞噬的那一瞬间。

巴塔耶还是神学院的学生时就意识到了自己完全相反的价值观及审美观。只有颠覆性的东西才能表现出真实的矛盾世界，只有这些东西才能绽放出最强烈的魅力。

为什么巴塔耶的价值观会发生如此大的逆转？其原因恐怕是巴塔耶本身就具有两种相互矛盾的价值观。越是将邪恶的、丑恶的东西排除在外，去追求正确的、神圣的东西，被排斥的东西就越容易被强化，巴塔耶正是陷进了这样一种反论中。

巴塔耶的父亲患有梅毒，他在巴塔耶出生时就已双目失明，之后梅毒侵蚀到骨髓，不久便卧床不起，连大小便都伴有极大的痛苦。即便如此，幼小的儿子依然爱着自己的父亲。少年时的巴塔耶甚至帮父亲排泄过。然而，因为伴有极端的痛苦，父亲在排泄时不断发出猛兽般的惨叫声。那时，父亲睁大的失明的双眼在幼小的巴塔耶心里刻下了深深的印象。

"最令人作呕的是他小便时的眼神。他什么也看不见，眼球却不停地向上瞪视，并来回转动……他有一双硕大的眼睛，始终睁开着，那双大眼睛在小便时几乎变得完全煞白，脸上浮现出如无可救药的、精神错乱一样的表情，让人无法忍受。"（《乔治·巴塔耶传》）

年轻的斗牛士被公牛牛角挖出的眼球之所以对巴塔耶有如此特殊的意义，可能是因为这与他记忆中父亲那双煞白的翻过来的眼球很相似吧。在少年巴塔耶心中，也许也隐藏着一种想去戳坏父亲那双令人毛骨悚然的白眼球的冲动。

否则，巴塔耶不会对被公牛牛角挖出的眼球如此倾倒。他在之后创作的自传小说《眼睛的故事》中如此写道："父亲的梅毒再次扩散，侵蚀了他的大脑，使他开始有了妄想症。有一回他听到母亲在和医生说话，便误以为他们会做出其他什么事情来，于是忌妒得发狂，用下流的语言咆哮起来。"

青春期的巴塔耶逐渐开始憎恨曾经深爱的父亲。听着父亲痛苦的惨叫声，他开始感到某种快感。

丈夫的妄想及对丈夫的看护使巴塔耶的母亲疲惫不堪，她也得了抑郁症，曾企图上吊自杀一次，投河自尽一次。或许是想要远离如此混乱的家庭，巴塔耶进入了寄宿学校。

正是从那时候开始，巴塔耶有了自虐的冲动。十五岁的时候，巴塔耶接受洗礼，想要从信仰中获得解救。然而在那之后，一件悲伤的事情发生了。第一次世界大战爆发，德军逼近了巴塔耶家所在的里姆斯街。在纷纷而来的炮弹的攻击下，巴塔耶一家丢下父亲，从里姆斯逃了出来。在得知父亲病危的消息赶回家时，父亲已经躺在加了封印的棺材里了。"我们'遗弃'了父亲。"巴塔耶后来说。这件事情一定给巴塔耶的内心留下了抹不去的伤痛。

为了成为修道士，巴塔耶进入了神学院，而正如之前所讲述的，他不久便转到了古文书学校。在那时的求学生涯中，又发生了一件令年轻的巴塔耶极其痛恨的事情。

他与青梅竹马的女孩恋爱了，可当他向女孩求婚时，却遭到了女孩家人的极力反对。反对的理由便是巴塔耶父亲的病。巴塔耶在给女孩的信中曾经这样写道："我不再抱有任何幻想了。我明白，我的婚姻可能存在一些不便的地方，我是说我极有可能生出比其他孩子更不健康的孩子。因此别人想远离我不是没有道理的，可是如果是这样的话，我情愿你能早点从我身边离开。"

巴塔耶的话语中充满高尚、纯洁，透露出被爱的渴望，可与此同时，也弥漫着认为自己是邪恶的、丑陋的、不会得到任何爱的深深的自我否定。这也形成了巴塔耶两面性的性格。

为了从阴暗的自我否定中逃离出来，最初巴塔耶选择成为修道士，而当这条路行不通时，他又想在一个连自己出身的秘密都知晓的女人的爱情里寻找依靠。可是，他再次遭到了拒绝。

如果没有这些伤心的经历，恐怕那次在西班牙的价值观的颠覆也不会发生在巴塔耶身上。在事态演变成"高尚纯洁、被人所爱"的自己无法被他人认可之前，巴塔耶宁可选择在高调肯定自己"邪恶丑陋，不会被任何人所爱"当中拯救自己。

而那时正是巴塔耶两面性逆转的瞬间。

然而，巴塔耶并非置身于绝对的罪恶立场。他的两面性在价值逆转之后应该依然存在。正如图书馆馆员巴塔耶的秘密是，自己是一个写颠覆性作品的作家；而作家巴塔耶的秘密便是，自己是一个正经的图书馆馆员。

一方面，巴塔耶着迷于颠覆性的东西，并把其逆转的价值观作为一门新的哲学构建起来；另一方面，他内心依然存有充满罪恶感的自我否定。不，应该说他的自我否定甚至已经潜入他的新哲学中了。

最终，巴塔耶认为恶的由来在于不被爱以及自己的爱被拒绝。所谓的恶，只能在不被爱的自己勉强维持自己不被爱的状态的情形下才能形成。

正如巴塔耶所言，色情是形单影只的，是不具备相互性的，仅此而已。从中我们也能发现那条自我目的化的封闭快乐电路。

与此同时，来自外界的伤痛也不可避免。不被爱的人想要以一种不被爱的姿态继续生存下去。正是因为自己身上没有被爱的价值，所以才企图追求与爱相反的东西，通过努力做别人眼中令人厌恶的自己，谋求起死回生的逆转。

因不被爱而生"恶"

《圣经》里最初的杀人事件是哥哥该隐将弟弟亚伯杀害。亚伯被上帝所爱，而该隐没有得到上帝的爱，于是心生忌妒的该隐杀害了被上帝所爱的亚伯。该隐应该明白，如果他把亚伯杀了，上帝会更加疏远他。然而，因为自己本来就不被上帝所爱，所以该隐选择了保持不被爱的状态。

在得不到父母或社会的认可时，如果你总是为此而叹息，你就会陷入自我否定的价值观中，并不断给自己造成伤害。因此，在这种时候，比起终日叹息不被认可，不如下定决心做好自己，坦然接受自己不被认可的事实。遵从自己喜欢的方式，也没有必要终日叹息，把自我否定转变为一种自我肯定，来实现自身价值的逆转。

选择自我，以一种不被认可的方式生存下去，这样的生存方式被称为"对抗同一性"。多数情况下，反社会、反权威的生存方式，便是内心具备否定价值观的人在实现其自身价值逆转后的结果。

蹂躏弱者的快感

以巴塔耶为先驱，通过以色情及嗜虐性为主题的作品而给后世带来极大影响的另一个人物便是萨德侯爵。萨德亲身体验过人世的丑恶，曾长期困于狱中，在法国大革命中被释放后再度被收监，最后死于精神病院中。

可以说，能充分展现出萨德写作才能的是其作品《朱斯蒂娜或美德的不幸》。故事中，年轻貌美的女主人公朱丽埃特与各种沉迷于色情的贵族或有钱男人过着放荡不羁的生活。其中有一个让朱丽埃特极为受教的人物，叫卢瓦瑟。卢瓦瑟不仅冷血无情，还是一个只会通过折磨他人来愉悦自己的男人。他虽然有一位年轻美丽的妻子，却在妻子面前与其他女人风流快活，还让其他男人折磨自己的妻子，只有这样他才会兴奋。

事实上，卢瓦瑟是朱丽埃特父亲的仇敌。朱丽埃特的父亲之所以会破产自杀，完全是因为卢瓦瑟的阴谋诡计。但在卢瓦瑟向朱丽埃特坦白一切之后，朱丽埃特不仅没有对自己的杀父仇人感到一丝反感，反而被邪恶的卢瓦瑟所吸引。卢瓦瑟也因朱丽埃特想出的某些邪恶的主意而为她倾心。卢瓦瑟在其他男人面前责骂并折磨自己的妻子，最终将妻子杀害，而这一主意正是朱丽埃特想出来的……在常人眼里，这种惨不忍睹的场面简直无法想象。

故事里不存在人类之间应有的共鸣，有的只是憎恶、蔑视以及控制者的骄横跋扈。萨德借作品中的人物之口这样说道："是的，我就是上帝。因为我和上帝一样，我所有的欲望自出生之日起便能立刻实现。"

如今，萨德的文学作品依然受到很高的评价，而他的文学作品中所展现的有关恶的哲学，虽说在欠缺与他人的共鸣且描写的恶本身就是其目的这一点上与巴塔耶的阐述有相似的地方，但仍然存在极大的不同。

其不同点在于，巴塔耶的哲学扎根于接近死亡时所存在的危险性上，而萨德的哲学则扎根于一种令人不悦的力量及其对生命的赞歌这一点上。巴塔耶所描述的死亡和丑恶是通过与生命和美相联结而产生出色情的，而萨德的哲学之所以追求牺牲者，是因为只有通过蹂躏弱者才能使自己体验到自身所具有的一种力量，才能享受生命的喜悦。萨德借用书中人物卢瓦瑟之口说道：

"我一旦听到充满强烈情欲的声音，其他声音便黯然失声了，色情是一种绝对不可侵犯的权利。于是我们开始对他人的苦楚嗤之以鼻。然而归根结底，他人的苦楚与我们自身之间到底有什么共通之处呢？我们之所以能理解他人的苦楚，难道不是因为如果我们也遭受同样的命运的话，我们也会感到恐惧吗？如果同情是由恐惧而生的话，那么同情便是一种软弱，我们应该想尽一切办法防止自己受到各种污秽的侵蚀，并尽早逃离。"

巴塔耶把因禁忌而生的罪恶感看成色情社会学不可欠缺的要素，

而与此相对，萨德将罪恶感当作仇视的对象，并把没有良心的"恶"当作一种追求的志向。

但是，从某种意义上来说，将自己父亲的仇敌视为赞美对象的朱丽埃特，她的生活姿态是一种自我防卫式的，即通过维持自己的"邪恶"来保护自己。就像受虐者将自己与施虐者同一化一样，朱丽埃特并不是将自己与被逼自杀的受虐者父亲同一化，而是将自己与逼迫父亲自杀的残忍毒辣的施虐者同一化，从而使自己免于伤害，得以继续生存。

也就是说，这也是将自我否定转换为自我肯定，从而实现最终自我价值的逆转。若非如此，对已沦落为娼妇的朱丽埃特来说，她的命运只会更凄惨。

施虐症

从以上所述来看，朱丽埃特的嗜虐性可以说是对自身命运的复仇，与巴塔耶也有相通的地方。

然而，有身为伯爵的父亲，在溺爱的环境中长大的萨德，为何会志向于一种纯粹的"恶"呢？那种惨无人道的嗜虐性，究竟是从哪里产生出来的呢？

虽然有关萨德孩童时代的记录并不多，可在萨德描述自身经历的小说当中，在涩泽龙彦先生所选取的其具有自传要素的记述中，有一处这样写道：

"因为一直在一种极其自由、奢侈的环境中长大，从懂事时起，我就开始相信一切自然与富裕都是为我而生的。这种可笑的特权意识也让我变成一个残暴傲慢、爱发脾气的孩子。我觉得所有的人都必须服从于我，整个宇宙都必须按照我的心情变化而为我服务。"（《萨德侯爵的一生》）

萨德曾有一个姐姐和一个妹妹，可是她们一出生便都夭折了，所以事实上，萨德是家里的独生子，他会在父母的娇生惯养下长大也就不奇怪了。

可是萨德真的是在父母的宠爱下长大的吗？不得不说答案是否

定的。

　　萨德的父亲是一位伯爵，同时也是一名外交官，母亲是法国王室孔代亲王的远亲，婚后成为孔代亲王家的高级女侍，工作是担任孔代亲王夫妇的独生子路易·约瑟夫·德·波旁的教育主管。因此，幼年时的萨德便在孔代亲王的宅邸作为王子路易·约瑟夫·德·波旁的玩伴长大。幼年时的萨德感觉母亲的爱与关心被比自己大四岁的王子夺去，便理所当然地燃起了对王子的抵触情绪。

　　"有一天，我们为了一些孩子的游戏争吵了起来，对方仗着自己的身份，态度蛮横无理，我不禁恐吓起他来，狠狠地揍了他一顿，出了一口恶气。"（《萨德侯爵的一生》）

　　就这样，因为与王子的纠纷，萨德离开了孔代亲王家，成了被母亲抛弃的那一方。五岁的时候，他就开始寄住在远方亚维农的叔父家里，一直生活到青年时期。

　　可以说，幼小的萨德与父母之间的关系并不稳定。萨德与母亲在孔代亲王的宅邸一起生活，因为父亲是外交官，他的童年时代没有多少父亲的影子，父亲过着与萨德和母亲完全不一样的生活。据说萨德的母亲和父亲有时也会一起出远门，而那时萨德就被托付给祖母照料。萨德曾说过："祖母对我的盲目关心也养成了我身上的各种缺点。"（《萨德侯爵的一生》）

　　母爱的缺乏以及他人的娇生惯养——萨德正是在这样恶劣的、不平衡的环境中成长起来的。

　　三岛由纪夫对萨德格外感兴趣，并写有戏剧《萨德侯爵夫人》，而在其成名作《假面的告白》里也提到了同性恋及对性虐待的嗜好。

有意思的是，三岛和萨德有着相似的成长经历。三岛也曾被祖母溺爱，祖母以"在二楼看护孩子太危险"为由，强行把襁褓中的三岛从母亲那里抱到自己的房间里抚养，三岛的母亲只有在给三岛喂奶的时候才能抱一抱自己的孩子。在萨德可以随心所欲地得到自己想要的一切，逐渐养成所谓的"特权意识"的时候，他与亲生母亲之间的依恋关系也变得如外人一般冷漠。

萨德还存在着王子这一竞争对手，他与王子起了争执后，只有五岁的他就被母亲抛弃到很远的地方，从此在没有温暖母爱的环境下长大。结果，萨德将自己对女性的憎恶、轻蔑通过施虐的形式表达出来，关于这一点，也是毋庸置疑的。

萨德后来从军成为一名陆军士官，并参加了七年战争，就是在这个时候，他开始尝到恶行的滋味。二十三岁时，战争结束，萨德从军队回来，这时他已经染上了恶癖。

萨德虽然与一位女孩有了婚约，但因为他把淋病传染给了女孩，最终婚约取消。虽说是自作自受，但萨德仿佛也受到了沉重的打击，在父亲的劝说下与另外一位女孩结了婚，然而这次的婚姻生活并非他一直期待的安稳生活。婚后还不到一年，萨德便因生活放荡被判入狱十五天。

之后，萨德不断制造各种丑闻。越是被责难，越是被社会排斥，萨德便越执着于自己的嗜癖，并逐步升级，甚至开始将其正当化。他将乞丐女硬拉到自己的别墅，对其进行鞭打；他在妓院举办群交会，进行在当时被严厉禁止的肛门性交，因而招来世人的厌恶，并因使用催情剂而被以毒杀未遂的罪名判处死刑。死刑判决虽然最终被废除，但萨德却无奈被长期幽禁。

为了给自己曾经受伤的心灵复仇，这可能是萨德施虐症的根源所在。萨德身上的嗜虐性，巴塔耶身上混合的自虐性及嗜虐性，这些在那个时代来说都是无法直视的惨不忍睹的残酷幻想，而这些残酷幻想的萌芽都可以说是从幼儿时期开始的。

孩子被训斥后也会想回击一下父母，如果这个行为被禁止，孩子下次就会把玩偶丢到地上，使劲踩踏。乍一看，我们可能会觉得这只是孩子的恶作剧而已，但其背后却潜藏着幼小时候的嗜虐心理。还有些孩子一旦被训斥，便会敲打自己的脑袋，或是往床上、墙壁上撞击自己。这种自虐行为在幼小的孩子当中也并不稀奇。

颇有意思的是，如果要问嗜虐性和自虐性哪一个会最先表现出来的话，自虐性的案例倒不在少数。在一些仅明显表现为嗜虐性的案例中，患者在自我任性的环境下成长的案例比较多；而真正在长期虐待的环境下成长的患者，自虐性心理会越来越被强化。

两者的根源都可以说是爱的缺乏，就如萨德一样，他从小在其他人身边娇生惯养，助长了想怎么样就怎么样的优越感，通过获得支配他人的快感来掩饰自己对爱的饥渴。

如果我们把这些行为当作一种求救信号，给予对方更多的关心，那么这些行为便可以在早期阶段得到遏制。如果进一步强加斥责，就会助长这些行为，使其最终走向以这些行为本身为目的的异常行为。

摆脱罪恶的反复循环

从孩子的恶作剧，到欺侮和家暴、虐待、偷窃以及因依赖症而起的自虐性或嗜虐性行为，这些行为背后经常若隐若现地表现出一个共通的问题，那就是，拥有这些行为的人都具有因得不到他人的爱而产生的孤独感，以及对自己所缺失的事物的饥饿感。而这些都是缺乏本来可以弥补且治愈自己与他人之间的关系的相互牵绊造成的。结果他们只能把自己的饥饿感关闭在自我目的化的快乐电路里，让自己一直沉迷于无论如何反复都无济于事的行为里。

反过来说，为了能从这一恶性循环中脱离出来，必须重新找回被周围人所爱、所认可的感觉。而实际上，一旦陷入这样一种恶性循环，当事人就会不断将这种自我目的化的行为正当化，而周围人的置若罔闻又使两者的隔阂持续扩大，朝着与改善相反的方向演变下去。当事人和周围人之间共有的并不是共鸣或是互相关心，双方只是在一味固执地坚持自己的立场。

但这一过程有时候也会逆转，并趋向恢复。而要想引起事态的逆转，有两个因素是极其重要的。

一个因素是，当事人必须认识到，与通过自我目的化的行为获得的快乐相比，自己从自我目的化的行为中获得的损失要多得多。

作家米切尔·恩德在孩童时代，有一次因为玩火使整片森林燃烧殆尽。虽然森林的所有者宽容地处置了他，没有把他送往管教所，但是他常常会受到旁人的冷眼对待，无法承受这一切的恩德一家无奈之下只好搬了家。这件事让反叛期的少年恩德认识到，一些不慎重的行为日后一定会得到应有的报应。从那以后，虽不能说恩德变成了一个温顺听话的好学生，但他再也没有鲁莽行事过。

无论是偷窃、依赖症，还是暴力或虐待，从心底开始忏悔，是脱离这一切恶行的开端。

另外一个因素是，挽回自己与周围人之间存有共鸣的人际关系，实际感受到世上仍有爱自己、珍惜自己的人存在，从而决心做值得拥有这些爱的人。

少年恩德之所以没有走入歧途，是因为他得到了父母特别是母亲的爱护与支持。不管是偷窃、依赖症，还是暴力或虐待，被困于这些恶性循环中的人都可以试着去阻止自己的这些行为，找一个可以推心置腹的人支持自己，去享受被爱围绕的感觉。这样一来，自己便能感觉到沉迷于自我目的化的行为其实不会起到任何作用，从而开始从相互作用的人际关系中发现更大的满足及喜悦。那样的话，那些自我目的化的行为便会作为过去无聊的恶习而化为残骸，从而失去维持下去的意义。

怪癖心理学

3

从内心走出来的敌人

妒恨招致不幸

　　俄罗斯大文豪陀思妥耶夫斯基凭借处女作《穷人》一举成名，并获得评论家别林斯基的极力赞赏，一跃成为文坛宠儿。然而，他的成功并没有长久地延续下去。他狂妄自大的处世态度彻底破坏了他与文坛大家们的感情，就连曾经给过他颇高评价的别林斯基也逐渐疏远了他。

　　第二年，陀思妥耶夫斯基发表了他的第二部作品《双重人格》。对于这部作品，陀思妥耶夫斯基自信地认为它是超越上一部作品的又一杰作，但是读者的反应并不强烈，还受到了别林斯基极为严厉的批评。尽管其中也有些善意的评价，陀思妥耶夫斯基却完全灰心丧气了。因为出版社已经付给了他预付金，所以在得知他的第二部作品如此粗制滥造后，出版社对陀思妥耶夫斯基进行了严厉的抨击。从此，深感怀才不遇的陀思妥耶夫斯基对任何人都抱有挑衅心理，也逐渐被大家所抛弃。

　　面对已经完全抛弃自己的文坛及上流社会，陀思妥耶夫斯基为了发泄对他们的怨恨，加入了一个空想社会主义者的集会——彼得堡拉舍夫斯基小组。然而，这又给他招来了更惨痛的悲剧。这个集会被揭发企图叛国，陀思妥耶夫斯基当场被抓。在军事法庭上，陀思妥耶夫斯基被判处枪决。当陀思妥耶夫斯基被带到刑场，与其他两个人一同绑在柱子上，并且士兵已经准备好执行枪决时，终于传来了特赦的消息，行刑被中止了。

但是，据说因被绑在柱子上的其中一人突然发狂，陀思妥耶夫斯基虽然得以减刑为四年有期徒刑及服兵役，却不得不开始长期流放于西伯利亚的艰苦生活。

若自己不断遭受失败或挫折，人们就会不知不觉地把失败的原因归结在周围的人身上，而不从自身寻找原因。这种人还容易把不认可自己的人看成自己的敌人，有时候也会陷入忌妒他人的妒恨心理当中。即使他人的行为并没有其他意思，他们也会认为他人是在恶意贬低自己。如果受到他人的欺负，则睚眦必报，非议他人，阻碍他人。

他们与周围人的关系变得越来越不和谐，自己也越来越被周围的人讨厌。当其他人都离自己远去时，他们的工作开始变得更加不顺畅，逐渐失去了运气和机会。这又会加深他们对他人的妒恨情绪，使自己陷入不幸之中。

妒恨心理虽然是我们身边常见的一种正常心理，可是一旦行之过度，便会立刻踏入异常心理的领域。

夏目漱石的被害妄想

　　夏目漱石小时候被寄养在别人家，即便后来回到了自己的家，亲生父亲也一直对他很疏远，他的妒恨情绪日益严重。后来夏目漱石到松山中学赴任，仍然无法适应周围的环境，与他人相处得并不融洽。后来他将这时候的经历写成小说《哥儿》。在这部小说里，让人印象深刻的并非当地教师与学生的亲密之情，而是主人公那稀奇古怪、仇视现实的社会态度。小说背后隐藏的正是漱石在那段时间亲身体验到的被学校的教师和学生疏远的孤独感。

　　留学伦敦的时候，漱石开始真正陷入比较明显的异常心理状态中。在身材高大的英国人面前，矮小的漱石在体形方面感受到了强烈的自卑。此外，漱石在经济上并不富裕，只能通过公费维持自己的留学生活，平时的社交及外出活动必须极力控制自己的开支，所以他在公寓里过起了闭门不出的生活。最后，漱石甚至整天蜷缩在阴暗的房间里，不吃饭，以泪洗面。

　　公寓的女房东曾经非常关心漱石，可是漱石深信女房东只是表面做做样子而已，背地里肯定在说自己的坏话。他甚至推测"女房东就像侦探一样，总是不断伺机监视他人的一举一动"。由此可见，那时的漱石已经患上了某种被害妄想或幻听。

"要不要试试出去骑车兜个风，换换心情？"公寓的女房东曾试图如此规劝漱石。一位日本留学生室友也曾教他骑自行车的方法，然而，漱石就连这样的亲切对待都理解为"不怀好意的敌人"对自己的折磨。

那时，虽然漱石也很想早点回国，他觉得自己有必要调整一下心态，但是他将国内寄来的作为回国费用的钱用来到处搜购书籍。可见那时的漱石仅仅怀揣一个使命——做学问、出成绩。

最后漱石总算回国了，妻子镜子去神户接他的时候，看到他的样子并没有什么特殊的变化，总算松了一口气。可是在回到家的第四天，妻子就发现了丈夫不可思议的举动。漱石与女儿一起在火盆前烤火，当他看到火盆边放着一枚铜钱时，便突然冲女儿大声叫骂，还动手打了女儿。父亲这不可理喻的举动吓得女儿大声哭叫，妻子镜子对他的做法也一头雾水。妻子细细询问之后，终于明白漱石是出于下面的想法才做出这种事来。以下便是通过漱石妻子镜子口述完成的作品《关于漱石的记忆》中的一段话。

"漱石在伦敦的时候，有一天，他正在街上散步，有一个可怜的乞丐向他讨钱，于是漱石递给了他一枚铜钱。他回到家进到卫生间时，突然发现一枚和刚才一样的铜钱正得意扬扬地躺在卫生间的窗户边上。漱石认为这种仿效自己的做法真是令人恼火，堂堂公寓的女房东竟然像侦探一样尾随自己。果不其然，就像之前推测的那样，女房东正不遗巨细地监视着他的一举一动。而且，她竟然为了炫耀自己的成果，得意地把战利品放在他的眼前，着实让人厌恶。漱石曾非常气恼地说那个女房东那么做真是不像话。在家和女儿烤火的时候，有一权相同的铜钱放在火盆边上，于是他便认为女儿也把他当成傻瓜，是个不像话的孩子，所以才忍不住做出那么奇怪的事情。"

一看到铜钱就殴打孩子，虽然漱石有他自己的理由，但是这种理由完全是缺乏根据的猜测，他把身边的一切与毫无关系的往事混同在一起，这种认识完全是在歪曲事实。即使是漱石这样优秀的、有才华的人，也不能发现自己身上存在的明显的矛盾与错误，只是一味地深信自己的臆测。

为什么即使是头脑极其清晰的人，也会陷入明显错误的推论中呢？在研究了大量这样的案例后，我们发现，这样的人都是事先把自己遭到轻视这一结论装进脑子里，然后用这个结论去解释身边的所有事情。也就是说，自己事先下好结论，认为"所有人都把我当傻瓜看"，然后再用眼前的一切作为根据来解释这一结论。

自那以后，漱石还是经常被妄想所困扰，经常谩骂妻子与孩子，还把家里的女佣辞退了。然而，漱石的精神并没有完全崩溃。他后来又不断发表作品，终于成为一代文豪，而他的这些成就都发生在被害妄想开始之后。

不存在无意义的偶然

还有另外一个人，他与漱石一样，虽然也困扰于幻听与神经衰弱，却依然能跨过这些障碍发挥自身的才能，取得辉煌的成绩，他就是精神科医生卡尔·古斯塔夫·荣格。

荣格的直觉特别敏锐。这一性格特点从他小时候便开始显现。直觉或灵感强烈的人一般都有极强的意志力，荣格也是如此。一旦有了某种直觉，他就会被某种不可动摇的力量所束缚，直到最终将自己的直觉判断变为事实。

荣格三四岁的时候，有一次母亲带他去博登湖湖畔拜访朋友，荣格被那一望无际的清澈湖水深深吸引。孩子都是喜欢水的，荣格或许也是如此，但是他却从这次经历中获得了一种自信的直觉："我一定要住在这湖畔边。"到了晚年，荣格终于实现了自己的愿望。

荣格在与他后来的妻子第一次见面时，也有过这样自信的直觉。二十一岁的荣格有一次去看望一位老朋友，母亲嘱咐他到时候也顺便去老朋友家里拜访一下。当荣格走进朋友家时，一位大约十四岁的编着两个马尾辫的少女正从楼梯上走下来。在见到少女的一瞬间，荣格就自信地说这个人将来会成为他的妻子。当他和朋友说起自己的想法时，朋友只是一笑而过。这也是理所当然的，毕竟荣格连一句话都没有和这位少女说过。

然而，六年后，当少女二十岁的时候，荣格与她订了婚，第二年他们就结婚了。

这仅仅是偶然，还是一种具有某种特殊意义的事情？其实这是由人如何看待事物的心理特性所决定的。对像荣格这样直觉很强的人来说，他也会认为一次偶然的相遇是一次命运的安排。这个世界上并不存在无意义的偶然，一切都是有意义的，都是从无意识当中获得的信息，荣格从自身的体验当中不断发展了这一思想。

人们一直感兴趣的心灵术和梦境解析，以及占星术和曼荼罗等，也是通过一种超越语言的象征形式将集体无意识，也就是全人类所共有的来源于无意识的信息表现出来。荣格认为，通过了解这些信息所包含的意义，人们可以更好地意识到自己适合在社会中扮演怎样的角色，从而实现属于自己的人生。

过度敏感造成幻觉

然而，从偶然当中也能感觉出特殊意义的敏感心理，已经很接近异常心理了。像抛物面天线一样过度地接收信息，有可能把没有任何意义的噪声当成有意义的信息并接收。仅仅是一次偶然事件，也会误以为是某种具有特殊意义的事情，就像是灵敏度过高的雷达会产生幻影一样。

对过度敏感的人来说，细微的咳嗽声或是身边人起身时发出的声音对他们也是一种痛苦的折磨。而在并不那么敏感的正常人看来，那样的痛苦简直难以想象。对于咳嗽声或者周围人所发出的声音，抑或擦肩而过的中学生的欢笑声，如果只是偶尔感觉那是他人在指责自己或嘲笑自己，那么这种心理很正常。但是，如果你终日都被这些声音所折磨，甚至觉得自己从这些声音中清楚地听到了别人责骂自己的话语，那你的心理可能已经踏入异常心理的领域了。

去洗手间的时候，偶尔会听到隔壁啪的一下关上玻璃窗。如果你觉得那只是偶然，那说明你的心理很健康。而有些人会把那种声音理解为有人讽刺自己上厕所的行为。这种人没有把偶然的事情看成偶然，而是认为这是一种具有特殊意图或特殊关系的行为。这种心理也被叫作关系焦虑或被害焦虑。一旦这种症状加剧，有些人就会做某种妄想性的解释，认为自己上厕所的声音会吵到邻居，所以自己上厕所的时候邻居才会把玻璃窗关上，更有甚者会认为邻居一直在监视自己。

有时在路上与偶然碰到的熟人打招呼，熟人没有理会自己，冷冷地从自己身边走了过去。正常人一般会认为那只不过是一次没有意义的偶然情况，对方一定是想着其他的事情没有注意到自己。但是，也有不少人会思前想后，觉得肯定是有什么特殊的意义。

这种心理一旦加剧，他们甚至连偶尔碰到朋友时都会感到紧张，一直犹豫自己是应该先打招呼呢，还是觉得反正朋友也不会理会自己，干脆先不打招呼。就这样一直在心里纠结，到最后，甚至因为不想被当成傻瓜而只是眼睁睁地盯着朋友。实际上，这样的举动会让他人误以为是挑衅，反而会给自己带来麻烦。这种人会慢慢变得害怕出门。

哲学家尼采也是从小时候开始就对任何事情都过度敏感，常常苦于自己的幻听及噩梦。年仅二十四岁就成为巴塞尔大学教授的他在大学里渐渐将自己孤立起来，经常挣扎于头痛及不良的身体状况中。最后他患上了抑郁症和被害妄想，变得越来越害怕出门。别说在大学里教书了，就连在巴塞尔城里散散步也变得极其困难。年仅三十四岁，尼采便辞去了教授的职位。从此以后，尼采再也没有从事过一份稳定的工作。

然而，这种过度敏感的性格也必然与灵感或创造性有互通的一面。因为尼采留给后世的成就，正是从他辞去大学教授的职位后开始的。

被同伴排斥后

被害妄想或幻听，多数时候会因为患者与周围人的交流不足及自我孤立的环境而恶化。因此可以说，夏目漱石留学伦敦时所经历过的孤立感导致了他这些症状的恶化。

归国后，漱石同样在大学及报社里品尝到了孤立的滋味。这种状况也导致了漱石的被害妄想一再恶化。

荣格的情况也是如此。他在与弗洛伊德决裂，被精神分析学派排斥在外后，在孤立的状况下度过了痛苦的幻听时期。荣格甚至怀疑自己是否得了精神分裂症。

而尼采不得不辞去大学教授的职位，也与他和瓦格纳的关系破裂以及被其他教授孤立有关。

人是社会性生物，因此才会有想要被他人接受的强烈愿望。当这种愿望被破坏时，人便会感受到被社会伤害的痛苦。自己成了被他人排斥的人，人类对于这一点极度敏感。一旦成为被他人排斥的人，人类大脑中的痛觉中枢便开始活跃，而这种痛苦程度完全不亚于肉体的痛苦。

有这样一项实验，实验人员要求三个参与实验的人一起在电脑上玩传球游戏。开始三人一起玩传球游戏，过了一会儿，其中两个人开始抛弃第三个人，两个人一起玩。这个时候，电脑上显示，被排除在外的那个人的大脑的痛觉中枢的背侧前部带状部分呈活跃状态。而实际上，其他两个人做出这种行为不过是受电脑指挥而已。为了充分验证这一实验结果，实验人员又做了一次同样的实验，结果被排斥在外的人的大脑还是会发生同样的反应。也就是说，当一个人受到他人的排斥后，他的大脑活动就会变得活跃。

比起暴力最一般的形态，即肉体上的暴力，无视他人或排挤他人这种做法，更能将其特性转化为优势来攻击对方。因为排挤他人的这种做法，无须将自己变成明显的加害者就可以让人尝到无比痛苦的滋味。这种被排斥在外的体验，不仅让人承担一时的苦痛，而且会长期改变人的心理构造及大脑的运作。

被他人排斥在外的人，即使明白这是他人对自己的一种不正当的做法，也依然容易贬低自己。他们很容易衍生出一种信念，认为大家都讨厌自己，自己无法融入大家的氛围当中，而这种信念最终将支配这个人以后的人生。

受到他人欺负的人，会对自己越来越没有信心，也会对人际关系感到强烈的不安，从而导致自己渐渐脱离他人的视线，这样的情况时有发生。

然而，从漱石的例子当中我们也可以看出，人之所以会陷入被害妄想这种心理状态中，并不能绝对地说是周围人的原因，有时候也是因为自己把本来没有恶意的事情固执地理解为他人的恶意对待，从而使自己身心崩溃。比起被周围的人孤立，自己将自己孤立起来的情况也很多。因为过度敏感或自尊心太强，使得自己极度容易受到伤害，对事物的理解也存在偏差，这样的情况也经常发生。

"大家都在离我远去"

　　一名男子来和我谈论他的烦恼，他说他身边的所有亲人一个个地离他远去，他越来越感到自己被孤立。他说他的一些很亲近的朋友以及工作上的老客户也逐渐疏远了他，不像以前那样和他联系了。他与母亲很早以前就开始经常闹矛盾，最近他又与兄弟因某些琐事起了冲突，到了绝交的地步。而就在最近这几天，他与自己最后的依靠——儿子和儿媳也闹了别扭。他自己也感觉奇怪，不知道为什么总是会发生这样的事情。

　　我让他讲述一下最近这几天他和儿子及儿媳之间的矛盾。这名男子说：有一个相当于他儿子的堂弟的亲戚结婚，所以他要求儿子和儿媳给这个堂弟送上贺礼，他甚至连送多少钱合适都告诉了他们。然而一段时间后，这名男子一打听才知道儿子和儿媳并没有去参加婚礼。于是他便向儿子和儿媳抱怨此事，然后他又抱怨他们连盂兰盆节[1]的时候都没有回老家探亲。他甚至将盂兰盆节和年末回老家探亲时他人写有祝福问候的本子的一页拍下来作为证据，用手机给儿媳发过去，

---

[1] 在日本是仅次于元旦的盛大节日，因与日本的暑假重合，许多人都在这个时候返回乡下老家。——译者注

并再次质问他们有关婚礼的事情。

于是，儿媳回复他说："虽然您让我们去参加婚礼，可是因为我们和那个亲戚并不经常来往，所以这次我们不打算特意去婚礼上祝贺。"后来儿子和儿媳回老家的时候，这名男子一直等着他们再谈一下有关上次婚礼祝贺的事情，可是儿子和儿媳完全没有这个打算，只字未提。看到儿子和儿媳的这般态度，这名男子顿时心生怒气，心里嘀咕着"他们心里到底是怎么想的"，并深深觉得自己有种被蔑视的感觉。

这名男子不满的原因，是儿子和儿媳没有按照自己所期待的那样去行动。他所看重的是合乎常理的社会常规，并希望自己的儿子和儿媳也能遵从这一点。可是，儿子和儿媳，特别是儿媳有着自己的看法，并没有遵从父亲强加给自己的做事方法。另外，这名男子仅仅因为觉得自己所说的合乎常理，便将本子上写有祝贺词的那一页作为证据拍下来发给儿媳，他的这种行为反而使得儿媳的态度更加强硬。

这名男子在人际关系中极为失败的原因，便是他无法接受对方的做法与自己的期待相悖，不管对方是怎么考虑的，对方都必须时刻按照他的想法去行动。结果便是他只是一味地主张别人去做自己认为正确的事情，并积极寻找证据来证明自己的正确，而完全疏忽了对方的想法。

绝对自我的陷阱

上一节中谈到的这名男子太过注重按照社会常规做事，比起他人的想法，他更看重自己的行为基准，从而使自己陷入了绝对自我主义的陷阱。只不过他本人还没有意识到这一点。这名男子一直认为，不按社会常规做事是错误的。

回过头来看之前这名男子与其他亲人朋友之间的各种纠纷，我们就能发现反复发生在他身上的各种纠纷的模式是完全一样的。他为母亲做了很多，却没有听到母亲表达他所期待的感谢话语，为此他经常感到情绪焦躁。与兄弟之间不和睦，也是因为对于自己所做的事情，对方没有表现出自己期待的反应，于是他便突然激动地责骂兄弟。被责骂的兄弟觉得他不可理喻，也开始对他动怒，就这样，最后两人断绝了交情。朋友和老客户也是如此，因为他无法忍受对方做出自己意料之外的事情，所以才引起了纠纷。

陷入绝对自我主义陷阱中的人，一直都坚信错的不是自己，而是他人。这样的人会认为是他人违背了自己的意愿，然而他们却没有发现问题的根源在自己身上，因为他们太过于期待与自己的价值观、自己的行事作风相一致的行为，总是把自己的意愿强加于他人。为了让对方让步，他们甚至会找出证据来证明自己是正确的，这时如果对方仍然不能理解自己，他们便会责骂对方。这样一来，哪里谈得上解决问题，只会进一步破坏双方关系。

　　这名男子最后终于领悟到，因为自己一直将自身的期待强加于周围人的身上，所以大家才离他远去。他后来说："我一直觉得问题出在周围人的身上，所以一直想要去改变他们，可一直事与愿违。比起改变他人，改变自己才能更快地解决问题吧。"

偏执分裂和抑郁

开创客体关系理论的精神分析学家梅兰妮·克莱因，在对儿童的观察中发现了儿童客体关系发展中的两种基本状态。一种是如果事情没有按照自己所希望的进行，儿童会表现出对他人的气恼，会想去攻击他人，这种状态叫作"偏执—分裂状态"，这是人在儿童时期的典型状态。之后就会慢慢发展为另外一种状态——当事情无法按照自己所期待的进行下去时，儿童宁可责备自己，宁可闷闷不乐，克莱因将这种状态叫作"抑郁状态"。

在偏执—分裂状态中，儿童会把所有违背自己意愿的人看成敌人，把他们当作自己发怒与攻击的对象，即使对方是一直照顾自己的人。也就是说，儿童看重的是那一瞬间的满足，自己的快乐与不快占据优先位置。克莱因把与受瞬间的快乐与不快所支配的客体的关系称为"部分客体关系"。在部分客体关系中，一分钟之前还是"爱的对象"，一分钟之后就可能变成"恨的对象"。

而在抑郁状态中，当不快发生时，儿童会怀疑不快的原因是否在自己身上。另外，不仅仅是自己的不快，在这一状态中，儿童也会渐渐了解他人的不快。也就是说，发展到抑郁状态阶段，必须培养儿童反省自己及体察他人心意的心智，不仅是某一瞬间或某一部分，还要从整体的视角去反思自己与他人的关系。克莱因把这种客体之间的关系称为"完整客体关系"。如果想发展儿童的完整客体关系，就必须使儿童在充分感受人与人之间的共鸣的基础上，去培养自己敢于面对自身错误的能力。反过来说，也就是儿童时期对儿童的爱不足或是过分娇生惯养都会妨碍儿童完整客体关系的养成。

在儿童的成长过程中，儿童的客体关系在发展为完整客体关系时，也容易陷入部分客体关系或偏执—分裂状态中，这种情况并不少见。有些儿童甚至在长大成人的时候，其自身的偏执—分裂状态依然处于优势。这种情况多发生在这样的儿童身上：他们无法得到安全感或是无法与他人产生共鸣，在他人不断的责骂声中长大，并且一直生活在充满暴力与被周围的人疏远的孤独感中。

"偏执—分裂状态"及"部分客体关系"这两种概念，有助于我们理解发生在我们身边的异常心理。绝对自我主义也可以说是一种偏执—分裂状态。在这种状态中，人们只把自己的行事作风作为正确行为的基准，所有破坏这一基准的人都是使自己不快的敌人，都是自己攻击指责的对象。这种人会觉得自己一直在受他人的攻击，自己只不过是加以还击而已。

在上一节所谈到的案例中，那名男子最后终于发现了自己的错误，过去他一直以为问题都出在周围人身上，而实际上他自己的行为及理解方式才是问题所在。也就是说，这名男子终于能将视点从部分客体关系转移到完整客体关系上了。

实际上，心理疗法的作用之一便是帮助人们脱离部分客体关系的视点，从而获得完整客体关系的视点。在这一过程中，人们必须直面自己的错误，这样才能起到修复心理的作用。然而，与其说在受到他人的指责后才能直面自身的错误，倒不如说他人所给予的能引起共鸣的充分支持才是帮助自己直面错误的必要条件。

自恋性防御

克莱因还提出了一个可以帮助我们理解异常心理的重要概念，在这里我们也顺便探讨一下。

无论是谁，能够做到直面自己的错误都是件非常不容易的事情。能坦率地说出"是我的错"的人，一定是相当有气度且值得尊敬的人。就连颇具社会地位的人在被别人指出自己的错误时，也会感到愤怒，并不断支吾搪塞，甚而将责任推卸到其他人身上。因为这样一来自己就不会受到任何伤害了。

用克莱因的话来说就是，因为陷入抑郁状态会伴随极大的痛苦，所以人们为了避免痛苦会进行自我防卫。与直面自己的错误，从内心谴责自己而使自身不愉快这一做法相比，盛气凌人地攻击他人显然更为轻松。克莱因把这种为了避免自身陷入抑郁状态而产生的防御方式叫作"躁狂性防御"。

躁狂性防御的三种感情特征是支配感、征服感和轻蔑。这三种特征都具有借助自己优越于他人这一点来保护自己的心理作用。这样的人有时也会通过展示自己优越的一面来获得他人的赞赏，从而达到保护自己的目的，这种行为被称为"自恋性防御"。

也就是说，当人们充分发挥躁狂性防御或自恋性防御时，即使困难就在眼前，他们也不会感到心情低落或孤立无援，而是表现为自信满满。夏目漱石作为作家在文学界名声大噪时决定离开大学，只用自己手中的一支笔不断奋斗下去，这个时候漱石的精神状态是最稳定的。然而，当他成为一名专业作家，不得不为了生存而写作，而且在一段时间里他的作品并没有得到大家的赞赏，他身边的支持者开始逐渐远离他，他也开始在报社中孤立无援时，他重新回到了不稳定的精神状态中，胃溃疡也开始反复恶化。

漱石对自己的妻子及孩子的暴力举动也一定出于躁狂性防御心理，试图通过支配他人来保护自己。人们在倍感压力的时候，会通过支配弱者来保护自己，从而维持自身内心的平衡。这种心理也是人们迈向身边随处可见的异常心理的入口。

是性欲还是支配欲？

在弗洛伊德所重视的支配人类的根本冲动中，有一种便是性冲动。弗洛伊德认为，性冲动在幼儿阶段就已经存在。幼儿时期遇到怎样的性冲动对象，以及体验到怎样的满足感或不满足感，决定了将来伴随这个人一生的嗜好及性格。

在弗洛伊德那个时代，不少人反对弗洛伊德这种一切都用性冲动来解释的做法。其中一人便是阿尔弗雷德·阿德勒，他最初也曾是弗洛伊德学说的信奉者。

阿德勒强调，与性冲动相比，支配欲才是激发人类的根本冲动。阿德勒在与弗洛伊德决裂后，确立了自己自成一派的心理学。

阿德勒认为，只有支配欲才是人类的根本冲动，他的这一思想继承了哲学家尼采所强调的"权力意志"才是一切事物的根本冲动的思想。这一思想也通过心理学家亚伯拉罕·马斯洛加以证实，并进一步推进。

马斯洛曾经在布朗克斯动物园观察过猿猴的举动。他发现，虽然大多数时候猿猴都相互骑在对方屁股上，但并不一定是雄性猿猴骑在雌性猿猴上面，同性猿猴之间也会相互骑在对方上面。从这一现象中，马斯洛总结出，猿猴之所以会骑在其他猿猴的屁股上，并不是出于性冲动，而是受支配欲控制。

马斯洛在把研究对象由猿猴转为人类的面试调查中得出这样的结果：根据支配倾向（想要支配他人的强度）的不同，可以将女性分为强、中、弱三种类型，并且这三种类型女性的行为模式表现有明显的不同。

有趣的是，男女在相互吸引的时候，多数情况下其支配倾向也比较接近，特别是比较投缘的男女双方，男性的支配倾向只比女性稍微强烈一点。只不过马斯洛的这一研究结果只适用于二十世纪三十年代，在其他年代并不一定是事实。

不过，一般情况下，我们可以这样认为，支配倾向强的男性与支配倾向弱的女性并不般配。马斯洛认为，如果双方的支配倾向差别太大，俩人便很难产生一段认真的恋情。这一点恐怕即使时代变迁也会通用。

如果双方的支配倾向差别极大，但仍然很投缘的话，那么这对关系甚好的情侣之间似乎应该是SM[1]的关系，可事实并非如此。只有极少数人能在 SM 的关系当中获得满足感。大多数人还是比较喜欢双方对等或是接近对等的关系。马斯洛认为，当支配欲强的人与支配欲中等或支配欲弱的人存在着肉体关系时，与其说双方之间是认真的恋爱关系，倒不如说支配欲强的人追求的是对自身欲望的满足。

支配欲强的人之所以会特意选择支配欲中等或支配欲弱的人作为

---

1 Sadomasochism 的缩写，意思是性虐待，是一种将性快感与痛感联系在一起的特殊性活动。——编者注

自己的伴侣，多数情况下是因为其自身无法建立与他人对等的人际关系。他选择处于绝对劣势的人做自己的伴侣，这样，支配欲强的人就能按照自己的意愿来控制比自己支配欲弱的人。

而且通过这样的方式，支配欲强的人不必担心自己会被他人抛弃，这便能满足他的支配欲望。这个时候，双方之间的关系就会变成支配—隶属的关系或是庇护—忠诚的关系。在前一种关系中，支配欲强的人会将自己的伴侣当成用人一样趾高气扬地对待，稍有不满便对其发泄愤怒。相反，在后一种关系中，支配欲强的人会变成伴侣的保护者，会把伴侣当作自己的孩子一样来照顾，并为伴侣安排好一切。

然而不管是哪一种关系，支配欲弱的人都不会有自己的主体意识。支配欲强的一方享有一切决定权，支配欲弱的一方只不过是言听计从而已。

只爱朋友妻的罗素

　　英国哲学家伯特兰·罗素，同时也是一位和平主义社会活动家，并且是诺贝尔文学奖得主。可是在这样华丽的公众外表背后，罗素的私生活极其放荡不羁，曾长期处于丑闻事件的风口浪尖。他一生中有过四次婚姻，第四次结婚的时候已经八十岁了，可见其性欲有多么旺盛。实际上，他也经常骄傲地在旁人面前谈论此事，他的这种完全不符合诺贝尔奖得主身份的言论经常引得周围的人很不快。

　　罗素沉溺于对男性生殖器的迷恋，因为那是性欲与支配欲的结合体。对这样的人来说，有魅力的异性都是他们的猎物，而且他们感兴趣的并不是被征服的对象本人，而是将猎物据为己有的过程。也可以说，他们的征服是一种自我目的化的行为。因此，他们会不遗余力地将异性一个一个地据为己有，一旦得手，对猎物的兴致便会骤然冷淡下来。他们与恋人或者配偶之间的关系必然不会保持稳定。

　　罗素尤为感兴趣的是朋友或熟人的妻子。就像人们常说的，在色情世界里，对男人而言，最可口美味的女性便是他人的妻子。罗素也似乎被通奸的魔力所迷惑，不断染指朋友的妻子。哲学家怀特海的妻子以及诗人托马斯·斯特尔那斯·艾略特的妻子等都成了罗素的牺牲品。很多人因此家庭破裂，或者精神失常。

罗素无法只与一位女性建立稳定的依恋关系，应该与他小时候的经历有关。罗素的母亲在他两岁的时候便生病去世了，在母亲去世之前，父母之间的爱情也稍有奇怪之处。夫妇俩对大儿子的家庭教师因为患有结核病所以一直单身很是同情，为了满足这名年轻男子的欲望，妻子自愿献出自己的身体。我们也只是在最近几年才开始认真讨论有关"性爱志愿者"的问题，却不知道这一现象原来在一百四十年前就已存在。无论是思想多么进步的理性主义者，在道德体制复杂的维多利亚王朝时代，贵族夫人主动将自己的身体贡献给丈夫以外的男子，这都是异想天开。因此，妻子与儿子的家庭教师之间的亲密关系可能是在丈夫允许的前提条件下发生的。

让人意想不到的是，这样一种异常关系竟然是在罗素出生后不久发生的。正值幼年的罗素与母亲培养依恋关系的时候，母亲却与丈夫以外的另一个男子开始了一段亲密关系。在这样的情况下，恐怕母亲对自己孩子的关心多少都显得有点漫不经心吧。当然，依照当时贵族的生活习惯，夫人很早就对自己的孩子断奶了，孩子是由乳母喂养的。

此外，罗素会如此执着于性爱，可以说与幼年时期所受到的一次伤害有关。有一次，幼年的罗素从马车上摔了下来，造成局部身体受损，可能是后遗症的原因，年轻时候的罗素患上了阳痿，从此陷入了极度的自卑中。

当然，后来罗素变得性欲旺盛大概也有精神方面的原因，而青年时期的罗素却是一个对自己的身体极其没有信心的年轻人。

罗素的第一任妻子比他大五岁，是一位极其性冷淡的女人。那时的罗素心里所想的可能就是找一位适合自己的女子。然而，随着自身阳痿问题的改善，在享受到性爱的喜悦之后，他便开始毫不避讳地寻找起猎物来。我们可以认为这是罗素想要过度补偿曾经对性爱深感自卑的自己。到了中年，作为哲学家及和平主义社会活动家的罗素，随着自身的名望越来越高，很多与他一起做活动的女性追捧者便组成了他的"深宫后院"。

罗素对于女性的那种不知厌倦的征服欲望，其根源在于他无法与任何人构筑一份稳定的爱情关系。由于无法达成本来想要追求的目标，从而陷入了与之前我们谈过的自我目的化的行为一样的境地，罗素只能被困在没有出口的反复强迫的循环路线中不能自拔。

罗素这种类型的人，在世人眼里有一个华丽的外表，能力出众，自信满满，然而与他们接触下来，你会发现无法与他们产生共鸣，而且他们对于他人的痛楚漠不关心。

表面上是和平主义社会活动家，即使其私生活与其表面光环完全相反，仍然被看成和平主义社会活动家并享有极高的声誉，这恐怕也是我们经常遇到的一种讽刺性的现实。

缺爱和自卑感导致病态的自恋

比罗素早一个世纪的浪漫主义诗人拜伦，也是一位极其自恋的人物，他的生活比罗素更为混乱，并在其波澜起伏的人生当中耗费了自己的才能与生命。

拜伦与女性之间的关系比罗素更为怪异。拜伦无法拥有与女性之间对等的爱情关系，喜欢自己处于优势地位。他所选择的爱人或伴侣，要么是卖淫窟的娼妇或者他的崇拜者，要么是幼稚的小女孩或者农夫的妻子，抑或是还俗修女等，她们一般都是无法真正理解他的女性。

那么在这种性取向背后究竟隐藏着什么呢？其实，拜伦的幼年时代比罗素更为凄惨，他的自卑感极为强烈，与父母之间的依恋关系也充满深深的伤痛。

拜伦的父亲约翰是个史无前例的极品人物，被人称为"疯杰克"，日夜沉溺于赌博及女色之中。如果说他作为一名父亲还做过什么的话，也就是他在挥霍掉拜伦母亲的所有财产后没有跟别的女人私奔，以及他留给拜伦一个与前妻所生的同父异母的姐姐而已。也有人说拜伦的父亲最后是自杀的。

面对抛弃自己的男人的孩子，即便孩子是自己的，女人的心情一般也都会很复杂。特别是儿子的话，女人更会从儿子身上找到抛弃自己的男人的影子，从而在不知不觉中把对前夫的消极思想投射到孩子身上。拜伦的情况就是这样一个典型的例子。

而让拜伦的情况更为恶化的是拜伦的右脚畸形，他走起路来一瘸一拐的。他的母亲常常像对待累赘一样对待自己的孩子。周围的孩子也经常拿拜伦寻开心，欺负拜伦，拜伦的少年时代可以说极为不幸。

拜伦那异常自大的个性及过强的自尊心等扭曲的自恋情结，恐怕就是由在幼年时代被百般奉承之后掉入极为凄惨的生活中所导致的。拜伦对其身体的自卑，也使他无法相信自己能与女性建立对等的爱情关系。

如果拜伦一直陷在如此凄惨的境地之中，我们也就无法知晓拜伦的才华究竟能施展到怎样的地步了。

命运为拜伦安排了成就他的一系列事件。他的堂兄弟战死了，四年以后身为男爵的祖父也去世了，因此，拜伦成为拜伦家族巨大财产及爵位的继承者。那时拜伦十岁。从此，拜伦搬到乡下宏伟壮观的府邸居住，在名门学校哈罗公学毕业以后，进入剑桥大学就读。表面上，拜伦是位贵族公子哥儿，可是他内心里不稳定的那部分并没有痊愈。

用现在的话来说，拜伦内心不稳定的根源可以说是一种丧失自我的心理危机。究其原因，和父亲的离开，母亲的冷淡，以及与身体上的自卑感所紧密结合的丑形恐怖等都有千丝万缕的关系。简单来说，拜伦有一种无法爱上女性的自卑感。

在性取向上，拜伦是双性恋，他并不是只对男性感兴趣，不属于纯粹的同性恋。拜伦对于男性的性欲，是作为对女性的性欲的替代品发展而来的。不对等的性关系的对象可以是比自己年龄小的男性，甚至可以是儿童或婴儿。拜伦也是如此，有时他会选择远远小于自己，仅仅只有十几岁的男孩作为自己的性爱对象。

拜伦甘愿选择并不符合自身条件的女性作为自己的伴侣，也是由他的自卑感所致。自我爱恋的人经常会选择与自己并不般配的对象作为伴侣或爱人，在极度自我爱恋的背后其实是自卑感在作祟。

为什么无法阻止伴侣虐待孩子

对于拜伦或罗素这样的人而言，比起对等的爱情关系，他们更倾向于从随心所欲地支配他人中获得满足感。虽然并不是多数人都如此，但这类人绝不是少数。相反，也有不少人喜欢从被比自己优越的人的支配中寻找快乐。

有些人很容易被拜伦或罗素这种在某一方面具备卓越才能的魅力人物所吸引，他们把这些人当神一样来崇拜，对这些人言听计从。这样的行为并不值得大惊小怪。现实当中有些人会做出比这些行为更不可理喻的事情来，而且，他们的行为对象并不一定仅仅是有魅力、有才华的人。

在萨德屡屡因放荡的行为被以无耻之罪逮捕入狱时，他的妻子不仅帮助他逃出监狱，还把他暂时藏在了自己的房屋中。萨德的妻子竟会原谅他如此倒错的放荡行为，可见对萨德的妻子来说，比起遵从社会上的主流价值观，时刻忠于自己的丈夫更为重要。

这样的事情在如今的现实中也时有发生。我曾经遇到过几位女性，她们在伴侣的教唆下为伴侣做犯罪的帮凶，甚至替伴侣承担罪责。另外，一位年龄大于伴侣的女性对爱人言听计从，不但没有阻止爱人虐待自己的孩子，有时甚至还会帮助他，袒护他，以致孩子最终被虐待而死。

实际上，支配欲中等或支配欲弱的女性帮助一直控制着自己的支配欲强的男性犯罪的事件数不胜数。

隐藏在这些事件最深处的原因是共通的，那就是他们不想失去对方的爱，所以甘愿受对方支配，对对方言听计从，甚至为了对方牺牲自己。对这样的人来说，只有受到他人的支配，他们才会有安全感。而这样的人大多在幼年时期受到过父母的虐待，或是缺少可以真正保护自己的父母的爱。

忌妒是人类情感中最强烈的心理

但是，支配欲弱的人并非只满足于被支配的状态而不去追求满足自我的支配欲望。支配欲弱的人也是有支配欲的。支配欲弱的人要满足自己的支配欲望，第一种方法就是去支配比自己支配欲更弱的对象。

支配欲不强的人在整个大集体中看似完全不起眼，可是他们一旦与比自己支配欲还弱的人组成伴侣，便开始随心所欲地支配对方。于是经常出现这样的情况，一些人在外面的行为与在家里的行为完全不同，他们通过控制自己的配偶或者孩子来满足自己的支配欲望。

第二种方法是把自己与支配自己的人同一化。也就是说，即使伴侣如暴君一般支配着自己，自己依然可以通过将自己与暴君伴侣同一化来获得自身的满足感。

第三种方法是通过集体的力量来满足自己的支配欲。一个支配欲弱的人可以通过加入优势群体来使自己在少数派中赢得优势。加入由支配欲强的人统率的群体，使自己与他们同一化，即使面对一对一无法战胜的对手，自己仍处于优势地位，从而满足自己的支配欲望。从恃强凌弱的欺侮，到为霸权而起的战争，归根结底都是支配欲与优越感在作祟。

而其背后应该是人的忌妒心及充满怨恨的情感在起作用吧。罗素曾经说过，忌妒心是人类情感当中最强烈的心理。罗素认为，使得几个世纪的政治处于动荡之中的就是大众的忌妒心理。因为大众的忌妒心理，法国大革命中很多人被送上断头台；因为忌妒心理，在纳粹战争中犹太人一个一个被当成替罪羊。

在充满竞争的社会当中，所有人都是其他人的竞争对手，随着相互之间的差距不断加大，人们的忌妒心理也会不断增长。本来是集体共同活跃的社会，所有人都为了集体的幸福去竞争，如今则逐渐变成了人们为了独占个人胜利的利益而竞争。

忌妒心理也许具备某种社会生物学的意义，它会对那些想要独占利益的胜利者敲响警钟，因为忌妒心理的产生以及对某些事物的独占可以牵制胜利者进一步损害集体共同的利益。

即使竞争对手的成功是对组织或集体的发展起到积极作用的，忌妒心过度的人仍然会把竞争对手的成功看作对自己个人幸福的威胁。因此人们对于同事或是竞争对手的成功很容易产生强烈的忌妒心理。

越来越多的人觉得，对手的成功就是自己的失败。现实中职场暴力不断增加，受到排斥的不仅仅是竞争力低下的软弱职员，不少人也会毫不避讳地对竞争力强的职员表现出自己的厌恶。在这种职场竞争的背后，也隐藏着支配欲弱的人内心深处扭曲的支配欲望吧。

支配欲"中毒"

大概十年前，一部德国电影《死亡实验》成为当时热议的话题。电影讲述的是二十世纪七十年代美国斯坦福大学的一项集体心理实验，电影是以斯坦福监狱实验为材料改编而来的。心理学家将斯坦福大学的地下室改成监狱，然后在报纸上登出广告，以高额报酬征集二十名男性实验对象。心理学家把他们分成两组，一组扮作狱警，一组扮作犯人，实验时间计划是两个星期。

电影里，随着实验的进行，犯人和狱警之间的气氛逐渐变得紧张，他们忘记了自己正在做的是一个实验，彼此之间产生了相当激烈的感情对峙。一方面，狱警为了忠于自己的职务，开始对犯人进行镇压；而另一方面，犯人在受尽屈辱、极度愤怒之下，也开始不断进行无用的反击，最后终于失去了控制。

在实验中，狱警为了让犯人服从自己而不断惩罚他们，把他们关进仓库里禁闭，让他们在水桶中大便，等等。因此，犯人和狱警之间产生了不信任感及被害妄想，狱警对犯人的惩罚方式也不断升级恶化。他们强迫犯人用手清洗马桶，如果犯人不服从，便对犯人施以暴力。实验导致一名犯人精神错乱，另一名犯人也变得歇斯底里而退出了实验。最后由于律师的介入，实验仅仅进行了六天就被迫中止，据说当时狱警的扮演者反对中止实验。

人们大多会把这个实验看成证明社会角色能超越个人性格和感情，支配个人行为这一事实的典型例子。社会心理学把这种现象叫作"非个人化"。不仅仅是扮演狱警的人在不知不觉中开始严格执行狱警的职务，扮演犯人的人也开始在不知不觉中做出犯人的举动。

然而，从另一个角度来看，在把这两个角色看成社会角色之前，也可以把这种关系看成支配者与被支配者之间的关系。一方面，狱警渐渐沉迷于支配犯人的快感之中；而另一方面，与其说犯人是受到自身社会角色的支配而做出犯人的举动的，倒不如说他们是被狱警要求那么做的，在被迫服从的过程中做出了犯人应该做出的举动。

最后，从狱警的扮演者反对中止实验可以推测出，对扮演狱警的人来说，继续实验不仅会使他们获得经济上的利益，还会使他们获得心理上的快感。

斯坦福监狱实验也说明了人类本身就具有一种强烈的想要支配他人的冲动，如果是在密闭空间里，人类很容易失去控制。家庭暴力、虐待也证实了这一情况。支配的一方坚信自己的行为出于正当的"职务"，要求对方服从自己，若有抵抗则暴力相向。这种支配欲之所以会不断持续下去，是因为通过暴力支配他人能够使支配者获得快感，只要不被公之于众，支配者的所作所为就不会给自己带来不利或痛苦等惩罚。

坐在权力宝座上的人都不想放弃自己的权力，也可以说他们是被权力所产生的如吸食毒品般的快感所深深吸引了。

有色眼镜下的"问题儿童"

人的心里潜藏着想要支配他人的欲望，在面对不服从支配的反抗者时会萌生敌意及愤怒。特别是在日本，人们对于特立独行的人总会特别敏感，也往往会把与其他孩子步调不一致的个别孩子当作"问题儿童"来对待。几年前，某个中学老师因为将一名女学生称为"黑羊"[1]而在社会上引起轩然大波。

尽管"黑羊"的称呼并不妥当，然而在当今社会，不管是在学校还是家里，人们时常会把有些孩子当作"问题儿童"来看待。甚至有些父母在不知不觉中将自己的孩子划分为"白羊""黑羊"，戴着有色眼镜去看自己的孩子。

父母觉得对自己言听计从的"白羊"可爱无比，一直反抗自己的"黑羊"则极为讨厌。对自己的孩子都如此，那么换成陌生人，恐怕这种偏见还会更加严重。人们总是在内心深处把不遵从自己意愿的人看作麻烦，这应该是毋庸置疑的事实。

在养育孩子的时候，最重要的就是要克服"问题儿童"这一偏

---

1 意为添麻烦的人。——译者注

见，要做好自己不会受这一偏见牵引的心理准备。为什么说把孩子列为"问题儿童"是不合适的呢？因为那样不仅会伤害孩子，而且会妨碍对孩子的问题的改善。从把孩子列为"问题儿童"的那一刻开始，问题的解决就不再会朝着好的方向发展，而是会愈趋严重。

现实中人们经常会把有些人称为"难缠的顾客""怪兽家长"等，这样的称呼同样只会使问题解决起来更加困难。

如果把对方当作"问题儿童"、"难缠的顾客"或者"怪兽家长"，那么不管对方说什么，做什么，我们都会认为是不合理的。哪怕对方提出的是极其普通的要求，有戒心的人也会编造出各种各样的理由来拒绝对方，完全不信任对方，以防卫的姿态应对对方。这一切都是由把对方列为"黑羊"这一先入为主的观念导致的。一味将孩子当作"问题儿童"来对待，也会在极大程度上歪曲人的判断能力。

支配欲强的人容易陷入偏执—分裂状态中。因此，想要支配他人的人，会渐渐怀疑他人是否做过对自己有害的事情，从而使自己陷入妄想的心理状态中。大多数掌权者都有极强的猜疑心及严重的妄想，也可以说是由这种心理压力导致的。

怪癖心理学

4

你被相反心理所愚弄

李尔王的悲剧

《李尔王》是莎士比亚著名的悲剧之一。年迈的李尔王要把他的国土分配给三个女儿。分封的时候，他让三个女儿分别说说对他的爱戴，然后根据她们对他的爱戴程度给她们分配国土。大女儿和二女儿竭尽全力赞美和感谢李尔王，李尔王很是满足。

可是，小女儿考狄利亚虽然真心把父亲当作最重要的人，却不想亲口说出这样的话。在听了两个姐姐对父亲空洞的赞美之后，她更加不想像她们一样。李尔王最宠爱小女儿考狄利亚，因此他对考狄利亚会说出怎样的话来赞美自己充满期待。然而考狄利亚最后却说："我没有什么可说的。"李尔王大怒，不仅没有分给考狄利亚一寸国土，还当场与她断绝了父女关系。

李尔王的国土最后被划分成两部分，分别成为大女儿和二女儿及她们的丈夫的领土。李尔王轮流住在两个女儿的宫廷里，可是得到领土的两个女儿对李尔王越来越冷淡，最终他连去的地方都没有了。在李尔王终于意识到自己的判断错误的时候，一切都已经晚了，李尔王绝望了，整个国家也变得混乱不堪。

悲剧发生的根本原因，在于考狄利亚对姐姐们那种极其虚伪的奉承之词极为反感，自己却无法真实地用语言表达对父亲的爱戴之情。

两个姐姐能若无其事地说出违心的话语，考狄利亚却无法将自己的真心话说出口。

年老昏聩的李尔王只把从口中说出的话当作真实的想法。他无法分辨真心话和奉承话，无法看清真心和言语具有两面性这一事实。

从某种意义上可以说，李尔王和考狄利亚在无法理解以及不能很好地处理人的两面性方面极其相似。考狄利亚完全继承了父亲的这一特点，所以才会违背自己的意愿，激发了父亲的愤怒，从而导致父亲与自己决裂。

他们两个都是性情耿直的人，却也都极为固执要强，容易拘泥于片面的思想。他们无法接受事物的另一面，一旦确立了自己的立场，他们就只会站在自己的立场上来考虑问题。有些事情看似对立，但其实只是语言技巧上的问题，并非事情的本质，可是他们无法将这一点记在心里，也无法从更高的角度来看待事态的发展，做出明智的选择。

考狄利亚遵从自己的想法说出了自己想说的话，可是她却无法洞悉自己的这一举动会激怒李尔王，结果导致双方的不幸。也就是说，对她来说，比起维护双方的长期利益和幸福，坚持自己那一瞬间的要强更为重要。

从这个意义上来说，不撒谎、耿直诚实的性格很容易引起麻烦。这一问题是由人的内心不具备两面性的单纯心理所导致的，如果说"单纯"用在这里不合适的话，那也可以说是某种不成熟的心理吧。

人会同时持有两种相反的心理

李尔王的悲剧并不特殊。这样的悲剧每天都会以不同的形式在不同的地方发生。明明心里对对方有好感，却为难对方，有时甚至会攻击或欺侮对方。明明心里想的是希望对方能来到自己身边，好好对待他，却说出"你不要来这儿，我不想见到你"之类与心里所想完全相反的话。被如此对待的对方又往往拘泥于表面上的话语，认为自己真的让人讨厌。其实只要有一方能从更大的视野冷静地看待事态，再采取行动，悲剧就不会发生。可是若两方都抱有相似的固执心理，就会再生误解，导致悲剧的发生。

导致这种悲剧产生的原因之一，是人可以违背自己的想法做事，也就是具备欺骗的能力；而使问题变得更加复杂的则是人会同时持有两种相反的心理。在这一个瞬间，这一种情形下，自己深爱着对方，追求着对方；而在另一个瞬间，另一种情形下，自己却讨厌对方，拒绝对方。这就是人的内心。

人类同时持有两种相反的心理，这一特性叫作矛盾性。这种矛盾心理使得人类的行为越来越难以理解。当某人做出从心理常识来看无法理解的行为时，其行为中所隐藏的就是人类的矛盾心理。在了解人类的异常心理这方面，矛盾性不仅把握着关键的重要概念，而且对于理解稍微难以理解的人类正常心理也大有帮助。

当然，事实上也存在着矛盾性强的人和矛盾性不太强的人。即使是同一个人，也会表现出矛盾性强以及不强的时候。当遇到烦恼的问题或者无法解决的问题时，人们就会出现矛盾性强的心理状态。之所以这么说，也是因为大多数情况下烦恼就是在进退两难的矛盾心理中产生的。

是应该结婚，还是暂时先等等，人们所烦恼的就是无法决定到底应该怎么做。当两种选择都存在有利和不利两个方面时，人们就会陷入进退两难的矛盾心理中。

在无法做出选择，不断拖延自己做出判断的时间的同时，也为自己争取了时间。

拘泥于这样一种进退两难的矛盾心理，容易引起他人的不解。自己一边表现出快乐生活的样子，一边脸上又浮现出不爽快的表情；一边热情地诉说着自己的梦想，一边又说可能暂时不会去实现自己的梦想。就这样，因为自己的方向感一直难以确立，周围的人也备受折磨。

人经常会疑惑，自己的决定到底会带来什么，他人又会怎样去理解；也不知道怎样去理解他人对自己的感受，他人到底是爱自己还是讨厌自己。就这样，在矛盾心理的驱使下，最后自己都混乱了。

当无法判断方向时，可以肯定的是自己的内心深处隐藏着进退两难的矛盾心理。这种心理本身是任何人都会产生的正常心理，同时也是各种异常心理的苗床。为了更好地处理人类所具有的进退两难的矛盾心理，防止自己踏进异常心理的领域，我们有必要了解一下人类矛盾心理的性质及应对方法。

逆反心理

矛盾性的特性之一，便是如果只是朝一个方向推动对方，并对其加以诱导或强迫，那么事情往往会向相反的方向发展。

罗密欧与朱丽叶之所以如此坚守两人的爱情并最终搭上两人的性命，便是因为他们的爱情是被禁止的。巴塔耶所主张的理论"色情是由禁止而生的"至少在某一方面是正确的。

"哦，罗密欧，罗密欧！为什么你是罗密欧呢！"即使朱丽叶如此感叹命运的不合理，她也从来没有停止过追求与罗密欧之间的爱情。

当恋爱陷入低潮的时候，有的人会因为别人的一句"你们不能相恋"而重新燃起恋爱的激情。作家陀思妥耶夫斯基的第二任妻子安娜·格里戈里耶夫娜·斯尼特金娜有一天从速记学校的老师口中得知，有位作家想要找人帮忙完成自己的口述笔记。那位作家就是当时正处于走投无路境地的陀思妥耶夫斯基。由于与人签订了不平等的合约，如果在限期之内无法完成一篇长篇小说，他将失去所有的著作权。那时，安娜二十岁，陀思妥耶夫斯基四十五岁。

第一次见到陀思妥耶夫斯基时，安娜觉得他性情阴郁，情绪焦躁不安，顿时感到幻想破灭，觉得自己不可能与这样的人谈恋爱。那时的陀思妥耶夫斯基不仅身负顽疾，还欠着很多债，有一大家子人要养活。安娜在了解到陀思妥耶夫斯基的窘况之后，更是竭尽全力地帮助他，当然那种帮助终归只是出于工作上的原因，另外还有安娜对作家的尊敬。

可是，看到安娜如此尽力帮助陀思妥耶夫斯基，已婚的姐姐便忠告她："你可不能喜欢上那样的男人啊！你们反正走不到一起，还是不要和这种病恹恹的、负债累累的男人在一起生活。"

对于姐姐的话，安娜很是反感，本来她从来没有考虑过这些，姐姐的提醒反而使她在心中不断地自问自答。之后，安娜突然意识到了自己的真实想法，从此萌生了对陀思妥耶夫斯基的爱慕之情。

表面上摆出不能喜欢对方的样子，最后反而真正喜欢上了对方。受到他人的抵抗或阻止，反而会加强自身的反叛心理，这样的情况时有发生。特别是容易发生在矛盾性强的人身上。

S女正在犹豫自己是不是应该向F男表明自己的爱慕之意，可好朋友N女却向她透露自己很喜欢F男。于是S女为了维持自己与朋友的关系，决定放弃表白。可是有一天S女却主动去诱惑F男，她从来都没有那么大胆过，最后两人确立了关系。S女的矛盾心理使得她从一直抑制着的感情当中萌生出反意，在她越过界线的那一瞬间，令人意想不到的事情就发生了。

这样的矛盾性不仅仅体现在恋爱上，在其他情况下也会出现。如果父母强迫孩子去实现自己的期待，即便当时孩子言听计从，日后也必然起反作用。如果强迫不想上学的孩子去上学，孩子就会变得越来越不想上学，甚至还会对催促自己上学的父母暴力相向。

不想去上班的工薪族也是一样。当事人的内心一直被两种情绪纠缠着，一方面觉得自己必须去上班，另一方面又害怕去上班。如果别人一直强迫他去上班的话，他就会越来越害怕去上班。

妻子责备丈夫说："你不要总是把所有事情都推给我做，你要在家里的事情上多操点心。"这时，丈夫本来想好好帮助妻子料理家事，被妻子一责备反而不想帮忙了。当丈夫同时抱有不帮忙是不对的以及自己实在不想帮忙的心理时，如果妻子只是一味地责备丈夫不帮忙，那么丈夫那矛盾的天平便会立刻向相反的方向倾斜。

如果总是不分青红皂白地指出他人的问题，并要求他人改正，问题就会变得越来越严重。因为这是完全无视人类矛盾心理的做法。如果双方都固执己见，问题不但得不到解决，双方的关系也容易恶化。

乖孩子常有"邪恶"的想象

如果无视内心的矛盾性，只拘泥于某一方面的思想，也会产生令人意想不到的异常心理。多虑的性格多发生在女性身上，她们会担心自己是不是做了什么过分的事情，是不是犯下了大错等。在严肃认真地讨论某一话题时，有些人的脑海中会突然浮现出一丝忧虑，担心自己是不是说了什么不慎重的话，从而陷入不安。

多数人经常会担心自己误伤到很小的孩子或者宠物之类的小生命。比如，他们会担心这些小生命从自己的怀中掉落下来，会担心睡觉的时候不小心压着这些小生命，还会担心刀具的把手脱落从而刺到小孩子或者小宠物，等等。有些人的脑海中甚至会浮现出这样的画面：他们由于心情太过焦躁而把小孩子从窗户扔了出去，或者是把小宠物重重地摔在墙壁上，甚至还会有其他更为残酷的举动。

一般当人的脑海中出现这样的画面时，人们就会愕然发觉"原来自己的内心深处竟然会有这样的愿望"，于是开始担心自己真的做过那么残酷的事情。

然而幸运的是，脑海中浮现过这些画面或者想法并对此深感罪恶与不安的人，他们实际上都没有这么做过。而真正做过的人，即使他们的脑海中也有过同样的想法或画面，他们也不会感到罪恶或不安。

倒不如说，他们深感快乐且情绪高涨。

除了这种虐待和暴力的画面外，有些人的脑海中还会浮现出色情或亵渎他人的画面。他们在与他人认真交谈的时候，脑海中会突然浮现出色情画面，连他们自己也感到惊讶不已，原来自己内心深处竟藏有如此隐蔽的秘密。

现实中也经常发生这样的事情，有些人担心自己的内心深处真的隐藏着如此罪恶的愿望。由于太过苦恼，他们不得不向他人言明，可是却遭到他人的误解。这是因为，对于这样的想法或画面，别说普通人了，就连专家也无法理解。

这种受到一些下流粗俗画面或是亵渎他人想法的侵入而不知所措的"症状"，经常发生在与这些行为没有任何关系的人身上。越是强烈地抑制自己去想这些淫秽邪恶事情的人，反而越容易受到这些画面的折磨。

讽刺的是，"这样的想法是不好的""这些事情哪怕只是在心里想想也是不好的"等思想一旦加剧，人们脑海中不安的想象反而就会更加活跃。

这些心理都与人类心理的矛盾性息息相关。越是想要排除一切罪恶或者不道德的思想，这样的思想或画面就越强烈。

与其强迫自己不去想，不如顺其自然

越是告诉自己不要总往坏的方面去想，人就越容易拘泥于坏的想法。这种情况不仅仅局限于这种强迫观念上，也会发生在一般的问题行为上，越是受到阻止，事态就越恶化。强行排除，这种一般性的处理方式，从矛盾性的原理来看，都只能使问题更为严重。

在处理矛盾性状态的时候，基本方法就是不要偏袒某一方面的思想，更重要的是要顺其自然地接受这种状态，告诉自己"其实那样也挺好的"。不要总是将"邪恶"的想法视为异常，并想办法排除这种想法，而是要把它当作多数人身上都会发生的极其普通的想法来对待。不妨试着改变自己的思考角度，以肯定的态度，把这些想法看成有其意义所在的。

只有减轻想要抑制邪恶思想的情绪，脑海中才不容易出现罪恶的思想观念，即使出现了，罪恶感也不会那么强烈。

现实中也有一种相反的治疗方法，叫作"反治"，即要求患者尝试一天去想十个最令自己不安的想法，通过强迫患者去执行那些邪恶的行为，来削弱患者想去那么做的冲动。

这样的原理不仅适用于强迫观念，也同样适用于各种各样的问题行为。强迫观念和问题行为一样，无论如何强迫自己消除这样的思想，逼迫自己只往好的方向去做，结果都无济于事，反而会起到相反的作用。

因此，重要的是不要强行把问题思想排除，接受问题才是解决问题的关键。不要单方面地袒护某一方面的思想，而要注意采取中立的立场，或者尝试从相反的角度去思考问题。

比如说，即使知道丈夫不怎么帮助自己料理家事，仍然要从丈夫的角度去思考，告诉他："你平时工作那么忙，还经常帮我料理家事，真是很感谢你。如果你能再多帮帮我，我就会非常开心了。"这样一来，自然而然地，丈夫那边的天平就会慢慢地升上来，他也会心情愉快地帮助你料理家事。

虽然知道自己必须去上班，却越来越不想去上班，在这种矛盾性冲突更为强烈的情况下更是如此。如果只是想着自己必须去上班的话，那么你就会越来越不想去上班。

为了不让事态恶化，最好的方法就是持中立态度，告诉当事人"受折磨的是你自己，还是你自己决定的好"，让当事人自己做出选择。

何谓倔强、矫情?

现实中既有温顺的人，也有固执倔强的人。哪怕是同一个人，也既有温顺的时候，也有固执己见的时候。

有些人即使清楚地明白自己的固执会给自己带来损失，还是会去顶撞他人，坚持自己的主张，从而引起他人对自己不必要的攻击和责难，使自己陷入凄惨的境地。这些人无论如何都无法向他人妥协，就连他们自己都不知道为什么会如此冲动。

如果有人对他们说"你必须那么做"，他们更会持抵抗情绪，说："我才不会做呢！"他们就这样一直与他人的要求背道而驰，从而激怒别人。即使有时候他们知道对方的要求在情理之中，他们也不会唯命是从。

温顺的心态，就是不仅仅为自己考虑，还会体谅并关照他人。从这一层意义上可以说，温顺是一种可以与他人共鸣的心态。

与此相反，固执倔强的心态则是，与他人的情绪相比，更注重的是自己的心情，持这种心态的人是不会去体谅和关照他人的情绪的。尽管只是暂时的固执倔强，这种心态却会让自己与他人丧失共鸣。只固执于自己的情绪或想法，是一种强烈的固执己见的心理状态。很多人都会在与他人共鸣或固执己见这两种状态之间摇来晃去，而多数异常心理的产生都是由固执己见的心态造成的。

很多人被固执己见的心态所折磨，从而走错人生道路，或者引发无法挽回的事态。那么这些人执着的到底是什么呢？

丹麦哲学家索伦·奥贝·克尔恺郭尔在其著作《致死的疾病》中曾描述过几种层次的绝望，其中一种层次为"接受绝望的自己，在绝望中接受自身"。他们接受绝望的自己，甘愿承担这种苦痛，视绝望为最终真理，将自己置于永恒的绝望中。这可以说是心理受过伤害的人坚持停留在自己受过伤的状态，并且拒绝恢复的心理。即使明白保持这种心态只会给自己带来不利，他们仍然希望能在自己的固执中靠着"信心的一跃"重获希望。

这种心态与之前讲的固执地否定自己，试图将自我否定转变为自我肯定的心态是同一种策略，可以说，自我否定就是一种自我目的化的行为。固执的根源在于严重的自我否定意识，自我否定的人正是通过绝对自我主义的傲慢来进行自我弥补的。固执己见的人陷入一种失衡的状态之中，他们一方面不会相信任何人，另一方面又是极端的自恋主义者。性格倔强的人会同时表现出偏执—分裂状态和病态性的自恋，原因也在于此。

这样一种无法切换的心理状态，用近几年的大脑功能水平来解释，就是额前区支配能力减弱，无法完全控制由小脑扁桃体等激发的消极情绪[1]。额前区的支配能力越弱，由小脑扁桃体等激发的消极情绪

---

1 Salzman & Fusi, 2010。——原文注

就越强烈，人就越容易陷入固执己见的状态中，很难变得温顺。

也就是说，固执己见的状态，是一种脑部不能很好地发挥机能的状态。这样的状态绝不是高尚的，而是一种低级的状态。固执己见的自己，是对更低级的本能的自己的自我爱恋。拘泥于固执的状态，也就意味着是被不成熟的自恋所折磨。

那么，人为什么会陷入这样一种不成熟的自我爱恋中呢？为什么有人会很容易陷入这样一种状态中呢？据最新研究，这两个问题的答案之一便是，幼年时期与父母之间不稳定的依恋关系和受到的内心伤害，导致额前区的支配机能受到损害[1]。

1　Van Harmelen et al., 2010。——原文注

就爱唱反调

有一种人的行为与固执倔强关系密切，他们总爱与他人唱反调，故意做些与别人的期待相反的行为。

任何人都会有心情不顺的时候，这个时候，人们不会像平时那样能考虑到别人的心情，有时会故意做出违背他人言行想法的事情来。

另外，我们经常可以在性情固执的人身上发现，他们的典型特征就是说一些或者做一些违背自己真心的事情。明明爱着某个人，却偏偏贬低对方，嘲笑对方。若对方说："这个不是你一直想要的东西吗？"明明对方说的是对的，他们依然会否定对方说："我才不会想要那样的东西呢。"明明想要接受对方的好意，想要对方体贴自己，结果却做出责备、为难对方的行为。

这样的反应会发生在任何人身上，我们之所以做出这样的反应，是因为我们感觉到对方并不是真的喜欢自己，我们不想去温顺地对待对方。当然，对在没有足够多的爱的环境中长大，患有重度依恋障碍的人来说，他们更容易做出这样的反应。他们想要追求对方的爱，却无法真实地表现出来，反而用为难对方的方式表现自己。

这样一种心理，与下面这三个因素息息相关。

第一个因素是，具有这种心理的人都想在心理上占据优势。当不确定是否被对方所爱时，如果主动去追求对方，顺从对方的期待先表明自己的心意，就意味着承认对方是处于优势地位的，而这一点是具有固执心理的人所不能接受的。

他们特别在意心理上的优势地位，真实地吐露自己的内心等同于把自己的弱点呈现给对方，会使自己处于极度危险的境地。与坦率地去追求爱相比，坚持攻击对方，彻底表现出毫不在意的态度更容易使他们保持心理优势，尤其是当感觉到对方并不爱自己时就更要那么去做。

第二个因素是，有些人会担心如果自己主动求爱，会遭到对方的拒绝。对方以后会不会背叛自己呢？这种疑神疑鬼的心理让人产生必须先下手为强的想法。因为知道自己并没有被对方所爱的价值，反正对方不爱自己，讨厌自己，不如自己先表现出讨厌对方的态度。

如果抱有这种先下手为强的心理，即使对方本来是爱着自己的，也会因为自己的这些行为而疏远自己，抛弃自己。如果我们问当事人是怎么看待这样的发展结果的，他们会把事情的原因和结果调换位置，觉得即使对方本来是爱自己的，最终还是会抛弃自己，所以他们对对方做出那些问题行为是有先见之明的。大多数异常心理的产生，都是在创伤性再体验的同时，患者将事态的因果倒置对待而导致的。

第三个因素是，由自己不被对方所爱或是对方不能明白自己的心意等焦躁情绪而产生愤怒或者攻击性情绪。这种情绪使自己无法做出与对方共鸣的行为，无法冷静地思考当时的状况以及对方的想法，并且就在这种情绪迸发的一瞬间，自己也完全被那颗受伤的心所支配，从而做出违背对方愿望的行为。正是知道对方希望的是什么，故意和对方唱反调。

　　以上三个主要因素互相作用，诱发人们做出唱反调的行为。如果对方心理成熟，即使受到唱反调似的对待，也能立刻明白那并不是本人的真心本意。而如果对方心理不成熟，就会被表面上的言语和行为吓到，并为此愕然，多数时候甚至会因愤怒而采取拒绝和强硬的态度。这样一来，双方都会受到伤害，若都不退让的话，双方关系会更为紧张，最终导致关系破裂。

不听话的孩子

这种爱唱反调的行为最初一般都表现在儿童阶段。这个时期的孩子最容易进入叛逆阶段，虽然叛逆的程度有所不同，但是一般小孩子都会出现叛逆倾向。他们会故意和大人唱反调，对于大人说的话一定会说"不"。

有相当一部分孩子，他们的叛逆倾向格外强烈，而且持续时间也比较长。虽然不能把这种倾向看作一种异常行为，但是对父母来说，抚养这么不听话的孩子还是会很辛苦。

这种不顺从的倾向与儿童和母亲的不稳定型依恋关系有关。不稳定型依恋关系主要包括矛盾型、回避型、混乱型等几个类型。依恋的类型虽然有一部分是由个人性情等天生要素所决定的，但很大程度上还是由幼儿与母亲之间的关系所决定的。

矛盾型的孩子明明很想和母亲亲近，却不会诚实地表现出来。他们的内心极其矛盾，既想跑到母亲身边撒娇，又想拒母亲于千里之外。这种依恋类型的形成往往是因为母亲总是按照自己的心情来决定是亲近孩子还是拒绝孩子，或者是因为母亲过分溺爱孩子，过于要求孩子去做自己心目中的"好孩子"，从而神经质似的束缚孩子的行为。这类母亲的牵挂和关心，其出发点与其说是以孩子为中心，倒不如说是以母亲自己为中心。

回避型孩子完全不想亲近母亲，也不期待得到母亲的关心。这种依恋类型多发生在一直被母亲忽视的孩子身上，有时也会发生在一直受母亲管教而得不到母亲足够的牵挂的孩子身上。常年不是在母亲的照顾下而是在祖父母的照顾下成长起来的孩子，也会对母亲表现出回避型依恋。孩子与母亲的回避型依恋关系可以说是由母亲对孩子关心不足导致的。

混乱型孩子常常做出一些杂乱无章的行为，同时具有矛盾型和回避型的特点，主要表现在经常遭受虐待的孩子身上。这样的孩子对母亲察言观色，很想与母亲亲近却总感到害怕，有时候也会完全不搭理母亲。母亲的关心和牵挂既不稳定，又充满攻击性和侵害性，因此这种类型的孩子会有强烈的不安全感。

与母亲有不稳定型依恋关系的孩子的共同问题是他们固执偏强，缺乏温顺耿直的秉性，而且会故意激怒对方。

不幸的是，面对这样固执不听话的孩子，父母经常发怒，觉得"这是什么倔强的孩子啊！"，"为什么就不能乖乖听话呢？"。为了纠正孩子固执的坏脾气，他们经常严厉呵斥孩子，有时甚至会殴打孩子。

可是，归根结底，孩子固执不温顺的倾向完全是由大人对他们爱护不足或是强加管制造成的。如果大人只是一味地训斥和责打孩子，不但纠正不了孩子的固执，反而会使孩子的固执越来越严重，使孩子越来越向与温顺老实相反的性格方向发展。

在这个阶段，孩子的这种倾向还不能说是一种异常心理，然而，随着时间的推移，这种倾向会逐渐变得极端，几十年后，孩子有可能会在反社会的行为当中感受自己的价值所在，从而演变成真正的异常心理。

这种倾向最显著地发生在没有得到过父母足够的爱护，经常遭受虐待或是被父母遗弃的孩子身上。很早以前我们就认为，父母的爱护不足很容易导致孩子养成乖僻的性格，而一旦养成，孩子便很容易产生逆反心理。

那么，为什么孩子得不到足够的爱会很容易产生不温顺的逆反心理呢？

如果孩子主动要求父母的爱，父母便会对孩子倍加爱护的话，孩子就会安心地去要求。也就是说，孩子便会老实温顺地亲近父母。但是，如果孩子主动亲近父母，父母依然对孩子不管不顾甚至严厉训斥，孩子就会觉得自己去亲近父母不但毫无意义，而且还很危险。如果孩子经常遇到去亲近父母反而被父母责难的事的话，孩子就会压制住自己的真心，并做出完全违背自己真心的行为。这个时候，孩子的内心和行为就不是真实地结合在一起的，而是相互矛盾的。这也就是逆反心理产生的根源。

通过近几年对大脑功能的研究，我们发现，对小时候受过伤害的人来说，过去的一切经历都是消极的，他们的与人类消极情绪相关的小脑扁桃体的活动容易变得非常活跃。当然，即使有过受伤害的经历，但是随着之后的经历与成长，有些人会慢慢将过去的一切不足弥补回来，这个时候大脑重新受到了额前区的支配。

只不过有些人在疲劳和压力状态下，即额前区的支配能力减弱的时候，会无法完全控制由刻在小脑扁桃体里的过去的痛苦经历而产生的消极情绪，容易瞬间爆发出自己的情绪，对他人产生无法想象的攻击性。

逆反心理容易导致嗜虐性和解离症

逆反心理也是异常心理的入口之一。违背对方的期待和愿望的行为一旦加重，就会踏入异常心理的领域。

嗜虐性及性虐待等都是通过给他人施加痛苦来获得快感，而爱唱反调的行为也会使对方不知所措，因此从这一层意义上可以看出爱唱反调的行为也是嗜虐性的萌芽所在。

虐待动物以及喜欢看残暴场面的行为，经常发生在受虐待，具有依恋障碍的孩子身上。只不过，对具有比虐待更严重的依恋障碍的人来说，他们大多会表现出极端的自我否定，从而做出伤害自己的行为。因为与伤害他人相比，将伤害的矛头指向自己更为容易。

这样一种严重的自我否定会在不知不觉中促使人做出自残行为，这种自我否定也解释了从常识看来难以理解的一种异常心理，即为何有人会如此轻视自己。

此外，矛盾性和逆反心理也与另一种异常心理的形成相关，那就是我们即将在下一章阐述的解离症。患有解离症的人会在不知不觉中失去对自身人格的控制，从而使自身分离出另一种人格。

怪癖心理学

5

你身体里的另一个你

脱离自身的另一个自己

解离是近几年常见的一种异常心理。

解离是指人的记忆或意识、人格出现不连贯的现象，常见的有失忆、多重人格等。失忆的正式称呼为解离性健忘，指的是人暂时丧失某一段时间的记忆。

我们把丧失人生所有的记忆叫作"全生活史健忘症"。这样的患者虽然会丧失对姓名、职业或者与家人相关的个人记忆，却并不会丧失对事物名称、语言等一般性知识以及穿衣方式、如何开车等动作方面的记忆。而虽说会丧失个人记忆，但是严格说来，在人的一般性记忆中，不同种类的个人记忆错综复杂，已经深深渗透在了人的内心当中，所以一个人不可能那么随便地只忘记个人的相关记忆。解离性健忘的特征在于，患者会选择性地忘记自己不想回忆起来的事情，以此避免直面残酷的事实，保护自己。

当解离发生的时候，患者不仅会经常忘记那个时段的记忆，还会经常发生意识或者人格不连贯的现象。也就是说，患者会做出自己都想象不到的行为。

一九九三年六月的某个夜晚，弗吉尼亚州马纳萨斯市的一名男子在聚会上喝完酒后醉醺醺地回到了家中，妻子正在家里等待着他。喝醉后的男子强行与妻子发生了性关系。之后妻子洛伦娜起身去厨房喝水，当她的目光落在厨房柜台上的菜刀上时，脑海中突然浮现出一直以来被丈夫欺负的画面。于是，洛伦娜拿起刀子，慢慢地向一丝不挂、正在熟睡的丈夫靠近，然后朝丈夫的阴茎砍去。丈夫的阴茎被从中间切成两段。

之后，洛伦娜将鲜血淋漓的丈夫留在家中，自己拿着切断的阴茎跑了出去。她一边开车一边将手中丈夫的半截阴茎从车窗扔了出去。然后，洛伦娜突然恢复了意识，立刻把车子停下来并打电话给救护车。幸运的是，经过一夜拼命地搜寻，被扔掉的阴茎终于被找到并送到了医院。在医生对其丈夫进行近十个小时的手术后，切断的阴茎终于被重新缝合上了。

在之后的搜查及审判过程中，结婚四年以来洛伦娜的丈夫在性爱上、身体上及精神上对洛伦娜的反复虐待也浮出水面。他甚至曾强行让妻子堕胎。审判中，洛伦娜一直声称从切断丈夫阴茎到叫救护车这一时段的所有记忆都想不起来了。

最后法院判决，洛伦娜犯罪时正处于伴有创伤后应激障碍的精神衰弱状态中，所以罪责不予追究。也就是说，洛伦娜被认定在实施犯罪时处于解离状态。后来，洛伦娜的精神恢复了正常，并成立了一个组织来帮助家庭暴力中的受害者。

从恶魔附身到癔症

最开始的时候，解离现象被认为是一种灵魂附身的状态。

十八世纪后半期曾有记载说，驱魔师约翰·约瑟夫·加斯纳成功治愈了因痉挛反复发作而被困修道院的两位修女。当时，解离状态被理解为恶魔附身。

第一个研究解离现象的医生是曾在维也纳大学主修医学的安东·麦斯麦。当时，麦斯麦在内科医学方面取得了巨大成功，是维也纳的一位名士。麦斯麦四十岁的时候，治愈了一名二十七岁的女性患者，该患者一直深受歇斯底里症的折磨。麦斯麦让患者喝下溶有铁质的液体，并在她全身上下绑上磁石，之后患者的症状就完全消失了。

然而，治疗的成功并非因为磁石本身的效果，而是在于麦斯麦的坚定信念给患者产生的暗示。之后，麦斯麦放弃磁石，只通过轻轻移动自己的手来自由地控制患者。这就是"催眠术"（当时被称为"动物磁力法"）的诞生。

不论是在维也纳还是在巴黎，最初麦斯麦都取得了惊人的成功，可是不久他便受到了医学界的攻击，人们对麦斯麦的评价也开始直线下降。

第一位多重人格患者的出现，正是在麦斯麦没落，催眠术退出社会舞台之后不久的十八世纪末期。然后到了十九世纪，精神疾病患者如今日一样开始猛增，解离症患者人数也增长迅速。

在这期间，即在麦斯麦之后大概一个世纪，法国人沙可开始活跃在社会舞台上。沙可将麦斯麦的动物磁力法重新以催眠治疗的方式运用起来，并在医学上取得了显著成效。他将心因性的麻痹和失忆称为"癔症"，将其与器质性病变明确区分开来。

沙可凭借出色的技术在精神病诊断及治疗上取得了巨大的成功，成为当时欧洲医学界的超级巨星。然而，对于解离现象究竟是在一种什么样的心理学体系中产生的，身为神经科医生的沙可却几乎没有任何兴趣。

"心理分析"的诞生

不仅将解离现象的心理学体系明了化，而且在治疗方面也取得成功的是继沙可之后的皮埃尔·让内。让内最初攻读的是哲学，成为教授之后才开始转修心理学，进而成为一名精神科医生。

让内确立解离现象的心理学理论及方法有一个很重要的契机。他在勒阿弗尔的精神病院研修的时候，有一位叫玛丽的十九岁女孩被带进了精神病院，并被诊断为患有重症精神病且不可能恢复正常。

玛丽的症状是一到生理期就会出现痉挛和意识混乱，有时还会恐惧缠身，大声呼叫"血"。当病情发作到顶点时，她还会出现吐血的症状。每当生理期结束后，玛丽的症状便会消失，而她对于那段时间的记忆也完全丧失，之后又出现感觉麻痹及手臂肌肉萎缩的症状，左眼也会失明。当生理期再次来临时，这些症状便重新发作。

面对如此困难的病症，天才让内在没有使用任何药物的情况下奇迹般地让玛丽恢复了正常。

让内试图了解玛丽的这种症状首次出现是在什么情况下。可无论让内怎么询问玛丽，玛丽都说不记得了，想不起来了。

于是，让内便对玛丽使用了当时的医学治疗方法——催眠，然后又问了玛丽同样的问题。催眠状态中的玛丽讲述了她第一次来生理期时的恐慌及之后发生的事情。原来玛丽一直觉得生理期是件很可耻的事情，于是便向人打听不来生理期的方法，打听来的方法就是将身体浸在装满冷水的桶里。尝试这个方法后，玛丽浑身打冷战，意识很快便混乱了，可是这种极端的方法竟然奏效了，玛丽的生理期果真停止了，之后的五年时间里都没有再来。

然而，玛丽十八岁的一天，她的生理期再次到来，而且她开始反复出现之前讲述的症状。让内分析，玛丽的症状是她初潮来临时心理混乱状态的再现，因为玛丽无法摆脱这种心理，所以她身上才会出现这种令人无法理解的症状。

一直折磨着玛丽内心的正是她对于生理期的羞耻及抵抗心理，而且对于用洗冷水浴来阻止生理期的行为，玛丽一直觉得自己做了什么无法弥补的事情。让内用催眠术帮助玛丽在催眠状态中把她的这些想法抹掉了。

让内的这种治疗方法立刻发挥了成效。玛丽在接下来的一次生理期中完全没有出现意识混乱的情况。可是让内并没有就此满足，他决定让玛丽完全恢复正常，于是继续探寻玛丽身上的其他症状。

结果，让内了解到，玛丽之所以一见到血就感到恐惧，是因为血会让她联想起之前发生的一件惨事。玛丽十六岁的时候曾目睹一位老婆婆从台阶上跳下来自杀身亡，当时她受到了很大的打击。

于是，让内同样用催眠的方法，在玛丽进入催眠状态后暗示她说其实那位老婆婆后来得救了，并没有死。就这样，玛丽的恐惧症也消除了。

然后，让内又试图查出玛丽左眼失明的原因，可是这次要比前两次更加困难，因为事情发生在很久以前，当时玛丽还是个孩子。

　　让内通过催眠将玛丽带回她五岁的时候，玛丽的左眼在那个时候还是正常的。一定是之后发生了什么事情。

　　终于，玛丽的脑海中浮现出她六岁时发生的事。那时玛丽迫不得已与一个左边脸长满脓包的女孩睡在同一张床上，奇怪的是，之后玛丽的左边脸上也长了脓包。了解到这一情况后，让内暗示玛丽，其实那个女孩从一开始脸上就没有脓包。就这样，玛丽左眼的视力也终于恢复正常。

　　让内还成功地治愈了很多疑难杂症，他不仅拥有丰富的学识，而且名声响彻欧洲。让内把他的这种治疗方法称为"心理分析"。"心理分析"这种我们今天并不陌生的说法，其实是由让内首先提出来的。

两种强迫观念——"固执观念"和"固着"

让内还提出了一个有名的理论：人类行为都是由"潜意识的固执观念"所左右的。"固执观念"这一个词现在也是我们的日常用语了，而首先提出这一说法的也是让内。

"固执观念"，换言之，也可以说是一种"强迫观念"。

所谓"潜意识的固执观念"，就是指自己在不自觉中被一种无意识所强迫。让内认为，人们会从曾经的心灵创伤及受过的打击中萌生出潜意识的固执观念，然后在不知不觉中让自己的行为被这种观念支配，有时这种观念也会诱导自己做出令人无法理解的行为。

弗洛伊德则进一步提出"固着"的概念。"固着"是一种一旦人们在某一发展阶段受到某种心灵创伤，这部分心理力量就停留在这一阶段而得不到释放的现象。也就是说，"固执观念"是一种强迫性思考的心理学概念，"固着"则是一种具备时间性的发展性概念。

弗洛伊德认为，如果孩子在幼儿期受到心灵创伤，他就会在口唇期（从出生到两岁左右）这一最原始的阶段固着，产生口唇性格，拥有这种性格的人容易受自身心情的快乐与不快所支配；如果孩子在训练上厕所的肛门期（约两岁到四岁）受到创伤，他就容易对这一发展阶段产生固着，这种类型的人一般整洁、小气，做事有条理。

弗洛伊德的这一理论，使得人们能够在更小的范围内理解他所提出的各种概念。而如果把性理论的部分去除，可以说，用"固着"的概念来解释人们拘泥于某一不满足时期的状态确实非常恰当。

另一方面，让内的"固执观念"在百年之后的今天仍然意义非凡。如果人们一旦遭受过某种强烈的刺激就会拘泥于由此产生的固执观念这一说法正确的话，那么我们也可以说，如果刺激是在小时候出现的，并由此给自己的幼年带来极强的不满足感的话，人们就会停留在这一阶段而无法将自身释放出来。

心灵的创伤会萌生出束缚人们潜意识的固执观念，而如果创伤发生在幼年，就会产生对那一发展阶段的固着。两种都可以说是强迫观念的表现形式。

要想摆脱强迫观念，将自己从固执观念中解放出来，就要从对幼年时期的固着中解脱出来，重新迈上成熟阶段的发展道路。

人有情结，情结也拥有我们

让内的"固执观念"理论被弗洛伊德及荣格所继承，并得以进一步发展。荣格用"情结"一词代替了让内的"潜意识的固执观念"。如今，"情结"一词已经作为日常用语来使用了，但最初荣格所使用的说法是"情感的群集"，之后才逐渐发展为"情结"一词。

正如荣格最初使用的说法，这一用语原本表达的是观念与感情相结合的意思。荣格最早提到情结的存在是在进行词语联想测验时。在实验中，被试者会一个接一个地听到一组词语，然后对每个词语给出一个联想回答。荣格发现，被试者对刺激词的反应，要么是不能立刻回答上来，要么是回答出奇怪的联想词语，如果再次询问被试者所联想到的词语，有人竟然完全不记得自己之前的答案。

通过进一步询问被试者在看到刺激词时联想到的是什么，荣格发现，被试者在回答联想答案时心中总会出现某些自己一直在意或是心存芥蒂的事情。当然，其中也不乏爱、喜欢之类的积极的事情，但更多的是与心理创伤引起的消极情感有关的事情。而且，被试者不是没有意识到这一点就是经常忘记这一点。

也就是说，当刺激词与被试者心目中一些不愉快的事物相联系时，被试者的行为及思考方式会发生很强烈的变化，而情结也可以说是一种伴有消极情绪的无意识的强迫观念。

无论如何，情结是一种记忆和情感的群集，独立于意识中心的控制，并且情结的产生与早年的创伤经历息息相关。而情结之所以无法受意识中心的控制，一方面是因为要做到这一点很困难，另一方面是因为在大多数情况下，这也与人们经历过的某种创伤体验有关。

每个人心中都有某种强迫观念，并在不知不觉中受到强迫观念的支配和操纵。麻烦的是，大多数时候，当事人都不能察觉到这一点，一直在无意识中被强迫观念支配。

强迫观念可以造成各种各样的异常心理。东电 OL 杀人事件中的被害女性、岸田秀及甘地等人的内心都存在着某种强迫观念，而无论他们本人有没有意识到，他们都被自身的强迫观念强烈支配，从而迫使自己做出在他人看来难以理解的行为。

无意识现出原形

通常，情结只是人的内心主体上类似一个小结块的细微事物，表面上根本看不出它的存在，它只在人意识不到的地方影响这个人。但是有时候，情结也会跑到前面来，代替人的主要人格，这种现象被称为人格解离。

需要注意的是，解离也有很多不同的阶段。之前常说的多重人格指的是"分离性身份识别障碍"（DID，Dissociative Identity Disorder），而诊断某人患有 DID 的重要依据是，患者会出现不同人格交替转换的症状，当患者处于一种人格状态时，本人完全无法意识到自己身上还存在另一种不同的人格。

确实，现实中被诊断为 DID 的频度很低。在发展为 DID 之前，处于中间阶段的情况却出人意料地在我们每个人身边时有发生。人们经常会觉得多重人格或解离现象是与自己完全不相关的精神症状，但其实不少人平时会出现下面的状况：某天要参加一个非常棘手的会议，刚要出发去公司时突然感到头痛或者胃痛；一旦面临可怕的事情就吓得立马瘫痪，或者如返老还童般做出小孩子似的举动来；等等。此外，容易受催眠术或者念经祈福诱导的人，一旦进入恍惚状态，说起话来就像完全换了个人，或者发出如猛兽般的尖叫声。

以上这些症状都与解离相关。当这些症状出现时，人们的植物性神经或者运动神经的支配力会减弱，紧接着便会逐渐失去对记忆、意识以及人格的支配能力。

出现在人们身上的频度最高的症状便是躯体化症状及转换症状，这两种症状都是人将自身无法察觉到的内心想法通过身体状态的变化表现出来。躯体化症状在植物性神经无法顺利调节时出现，其典型症状表现为头痛、头晕、胃痛、心悸、过度呼吸等。与此相对，转换症状在人的运动神经及知觉神经的支配力暂时受到破坏时出现，其典型症状表现为无法站立、无法行走、无法出声、晕倒、痉挛等。

从自身经历中学习"心病"的荣格

　　卡尔·荣格后来成为一名极具魅力且颇富才华的临床医生，但小时候的他却是个稍显怪异的孩子。小时候，荣格不喜欢和其他孩子一起玩耍，经常会突然整一出恶作剧，或是将幻想中的事情与现实混在一起。换成是在今天，荣格可能会被诊断为发展障碍儿童吧。

　　即便荣格的性格如此怪异，由于其父亲是当地牧师的关系，荣格上小学的时候还是在某种程度上受到了一些特殊的待遇。可是，当荣格十岁开始升入巴塞尔城里的中学时，他的周围全是更为富裕并且社会地位也非常高的家庭的孩子。那时的荣格每天穿着有洞的鞋子去上学，这让他深切地感受到自己的家庭是多么贫苦。荣格除了在家庭方面在旁人面前感觉胆怯以外，在学业上也屡屡受挫。他不仅在绘画课及体育课上表现差劲，而且对数学也是一窍不通。

　　中学的老师都把荣格当作差等生来对待，荣格的自尊心所剩无几。他甚至开始讨厌去上学。这时，发生在荣格身上的巨大危机开始了。

　　十二岁的时候，有一次荣格被同学撞倒在地，头部受到撞击，失去了意识。一瞬间，有一个以后都不用去上学的念头闪过他的头脑。之后，荣格多次出现昏厥的情况。而且，每次都发生在面对难缠的功课时。

荣格少年时表现出来的这种症状便是沙可所谓的"癔症",也就是如今所说的"转换症状"。转换症状不仅通过引起身体上的某些症状来表现心理上的压力,而且还会使人获得某种"病患利益"。荣格少年时,他的父母就因为他的这一症状而让他休学半年。

休学期间,荣格喜欢一个人玩游戏,读书,画画,或者沉迷于自己的遐想之中。可是这并未使荣格愉快,他有着一种无名的感觉,觉得自己是从自我中逃脱开来的。诊断过荣格病症的医生都说他可能患了癫痫,而在当时的医学界看来,这是一种完全没有希望根治的病症。荣格的父母因此感到非常悲观,并为儿子的将来忧心不已。有一天,荣格的父亲向访客吐露自己的心事,正好被荣格听见了:"如果真像医生所说,孩子是得了那种病的话,那么以后孩子恐怕就不能独立生活了吧?"

听到这句话时,荣格的心中再次闪现出一个想法。我们可以通过荣格在其自传中所记录的内容来了解他的内心感受。

"我像是被雷劈到了一样。事实完全不是那样的。'我必须用功了'这样的想法立刻闪现在我的脑海中。

"从此以后,我变得越来越认真。我静静地离开那里,走进父亲的书房,拿出自己的拉丁文法书开始全身心地投入学习。十分钟后,昏厥发作了,我几乎从椅子上跌落下来。没过多久我又恢复了神志,继续学习。我告诉自己:'该死!我怎么能昏过去呢?'然后我继续学习。大概十五分钟后,第二次发作开始了,和第一次一样没过多久便好了。'现在我必须真的用功。'我使劲给自己加油。然后又过了半个小时,第三次发作袭来,可我没有屈服,又坚持学习了半个小时。最后，我觉得自己终于战胜了病症，而且心情也比前几个月更舒畅了。事实上，之后病症再也没有发作过。那天以后，我每天学习语法，做练习题。几个星期之后我回到了学校。在学校，病症再也没有出现过。我身上的魔法终于被解除了。"（《荣格自传》）

荣格从自身经历中了解到心病是如何发生的以及怎么做才能克服它。你不是为了他人而活的，要扪心自问："自己这样下去可以吗？"要靠自己的意志，为了自己而活，这才是克服心病、恢复正常状态的方法所在。

拥有双重人格的荣格

其实，少年时的荣格并没有完全克服所有的困难。虽然他开始积极努力地学习，可成效不是轻而易举就能得到的，想要改变周围人的看法需要花很长时间。有一次，老师指责荣格辛苦写出来的作文是"剽窃别人的东西"，其他同学也都认为荣格作风不正。这一切深深地伤害了荣格。要想别人真正认可自己的实力，荣格需要再多努力几年。

在这种状况下，支撑荣格坚持下去的绝不是一般的东西。当然，荣格大可再次躲进自己的心病之中，这应该会容易得多，可是荣格不允许自己那么做。荣格的这种强迫心理在某种意义上也引发了他更为严重的病症。

荣格在自传中这样剖析，他在十二岁的时候，就已经拥有了双重人格。他把这两种人格以 NO.1 和 NO.2 来区分。荣格最初发现自己拥有双重人格时，NO.1 人格是与荣格同龄的没有自信心的十二岁中学生人格，而 NO.2 人格则相当于一位百岁老人的人格，拥有高高在上的社会地位，判断事物极度冷静沉着，举止稳重得当。

就像之前所说的一样，荣格第二人格的出现是在他陷于极度痛苦境地的时候。不仅学业上无法取得优秀的成绩，还备受同学孤立及老师否定，在这样的环境下，荣格渐渐失去了自信。而且他患有预后不良的疾病，长期休学，将来的人生也岌岌可危。

那时，荣格在卢塞恩湖畔的亲戚家里过暑假。荣格从小就喜欢玩恶作剧，行事又极为轻率鲁莽，即使到了十二岁，也经常会做出冒失的举动来。那一天，尽管大人已经警告过他不要去做危险的事情，荣格依然只用一支船桨，乘着一艘贡多拉似的小船就朝湖里驶去。

当坏事败露的时候，荣格被亲戚家的主人狠狠地教训了一顿。因为主人教训得有理，荣格也只有垂头丧气地听着，可如此被侮辱，荣格的内心也很愤怒。就是在这一瞬间，荣格清清楚楚地感觉到，当时愤怒的自己与那个一直战战兢兢、没有自信心的十二岁中学生相比，完全是另一个人。

"这个我不仅已经长大，而且重要，是一种权威，是一个有职位有尊严的人，是一位老人，是一个须尊重和敬畏的对象。"（《荣格自传》）

于是，少年荣格的脑海里出现了这样的想法："我想到我实际上是两个不同的人。其中一人是个学生，他领会不了代数学，对自己完全没有把握；另一人则重要，是种高级权威，一个不可小觑的人，就像这个制造商一样有势力有影响。这'另一个'是位生活在十八世纪的老人，他穿着扣形装饰鞋，戴着白假发，驾着一辆带有凹面后轮的轻便旅行马车。"（《荣格自传》）

就是在那一瞬间，少年荣格的心中清清楚楚地出现了幻想中的"第二人格"。这一人格并不只是一种单纯的幻想，它确确实实存在于荣格的人格中。少年荣格深深地陷在"我同时生活在两个不同的年龄层中，而且这两个人完全不同"这一思想中，并为此痛苦不已。

"我觉得我自己一方面年纪太小，另一方面又害怕使用'第二人格'给了我以启示的这种权力。"（《荣格自传》）

即使是在荣格成为医学院的学生以及后来成为精神科医生之后，第二人格也一直留在他的心中。这一人格可以说是荣格所描述的"老智者"的原型，而从今天一般性的理解方式来看，可以说是一种补偿性的人格解离。

从无能为力且深感自卑的中学生人格中体验到巨大的屈辱后，为了弥补自己的劣势，荣格的内心产生了一种愿望，即他希望拥有至高的地位和权威力量，希望自己是一个不畏惧任何事物的大男子汉。而正是这一愿望导致了荣格另一种人格的诞生。

荣格自己并不承认这一关联，这可能与一直围绕荣格一家的传说有关。荣格的祖父和荣格同名，也叫卡尔·古斯塔夫·荣格，有传言说荣格身为教授的祖父是大文豪歌德的私生子。

荣格自己曾讲述，他身上的人格解离在他听到有关祖父的这个谣言之前就发生了，可是很多事例又说明荣格的这一记忆并不可靠。但不可否认的是，荣格一定是在哪里听到过这种谣言。而且据说荣格一直把自己当作歌德的转世化身。如果说荣格身上拥有至高地位和权威的第二人格是以老歌德的形象为模型的，这恐怕也不足为奇。

然而，解离后的人格形象又是以什么为模型的？这一点与人具有人格解离这一点相比恐怕就不是那么重要的问题了。人之所以会发生人格的解离，是因为曾经受到过巨大的精神创伤。时至今日这一点已是被普遍认可的事实。在幸福环境中成长起来的人不可能产生人格的解离。

当拘谨的现实人格遭遇巨大的精神危机，而敏感脆弱的心灵又无法保护自己时，就会发生人格的解离。正如蜥蜴一样，被敌人抓住尾巴时，为了生存会把自己的尾巴和身体一分为二。这种失去自身人格统一的方法，也是为紧急避难而做出的一种巨大的牺牲。

少年荣格已经意识到自己具有两种人格，所以这种情况不能诊断为患有 DID。但是，我们也不能否认荣格患有人格解离，因为完全的人格解离与不完全的人格解离往往具有连续性。

第二人格是精神的"避风港"

荣格扮演老智者的第二人格，可以说是替代现实中不可靠且不值得尊敬的父亲的角色，保护着荣格，指引着荣格。这种现象并不只发生在荣格身上，现实中其实并不罕见。当身边没有任何一个可以保护自己的人时，孩子就会虚构出一个人物，然后从虚构的人物身上寻求帮助。

有一个女孩，父母在她很小的时候就离婚了，她一直在母亲的老家和外祖父母一起生活。她不擅长和其他的小伙伴交朋友，所以在学校里经常被人欺负。渐渐地，不知从何时开始，她感觉身边有一个比自己大的哥哥存在，她经常会喊他"大哥哥"，当她有困难时，大哥哥就会过来帮助她。她上中学时，妈妈为女儿这种一直依赖大哥哥的状态感到担心，于是便严肃地告诉她："根本就没有什么大哥哥，你到底打算叫大哥哥到什么时候？"从那以后，大哥哥再也没有出现过，这个女孩从此再没去上过学，还经常做出伤害自己的行为。

其实，这个女孩需要的就是一个可以理解自己，在不如意的现实中保护自己的人。母亲无法提供给她这样一个安全的港湾，所以作为补偿，女孩才会虚构出大哥哥这样一个人物。随着母亲亲口将这个人物否定掉，女孩也失去了自己的依靠。

第二人格经常带有保护者或者救世主的身份。典型的表现便是，当一个弱小的女孩或者纤细的女性发生了人格转换时，她会突然发出男人般粗大的声音。

一个非常漂亮的女大学生住进了精神病院。她很小的时候父母就离婚了。上小学的时候，母亲与继父结婚。她性格腼腆，喜欢一个人静静地读书。无论别人说什么，她都只是冲着对方笑一笑，从来不说自己的想法，一直静静地生活在自己的世界中。可是，有时她会突然发出男人的声音，说出让人大吃一惊的话来，而且这些话大多和性或者怀孕有关，比如"是你这个浑蛋让这个女孩怀孕的吧，你必须承担责任"。这些话似乎反映出这个女孩在性方面受到过某种心理创伤或者对性有一种渴望。在说出一些自己想说的话后，女孩又会恢复到之前温柔的语气，对别人的话只会点头顺从。

很明显，女孩的第二人格是作为她的保护者或者代言人来行动的。第二人格出现的时候，也就是她无人守护的日子超越极限的时候。她曾经受到过继父的性虐待，而且母亲对她也极为冷淡。

本章开头介绍过的将丈夫的阴茎切断的洛伦娜也是一样。从洛伦娜身上所解离出的人格正是为了保护洛伦娜，阻止丈夫以后再对自己实施性暴力才会对丈夫做出惩罚的。

我们只有生活在有安全感的条件下，自身人格才会得以信赖，得以延续。而一旦处于一种极端危险的境地，我们就无法继续停留在现实人格当中，从而分离出另一种可以保护自己的新人格，并从新人格当中寻找庇护自己精神的安全港湾。

消除强迫观念的方法

消除强迫观念对控制心理状态、恢复心理平衡来说是一项非常重要的任务。要想从各种各样的异常心理中恢复，防止自己继续陷在异常心理状态中，消除强迫观念极为关键。

消除强迫观念的方法有两种。一种是像让内所做的一样，首先将事情的源头发掘出来，然后再去探讨由此产生的强迫观念；另一种便是不去发掘事情的源头，而只是消除不合理的强迫观念。让内的心理分析以及弗洛伊德和荣格的精神分析使用的都是前一种方法。

前一种方法的难处就在于很多人要么已经完全忘记了是什么引起的强迫观念，要么不想回忆。多数时候，在陷入一种病态性的强迫观念时患者往往无法回忆起事情的缘由所在，因为患者会对回忆那段痛苦经历有抵触情绪。

起初弗洛伊德也尝试用让内的催眠方法来治疗患者。可是催眠方法会对患者产生各种各样的副作用，治疗效果也不能维持长久。

后来弗洛伊德发现，即使不用催眠，只是让患者自由地将内心所浮现出的事情讲述出来，也可以进入患者的无意识领域来治疗患者。于是，他放弃了催眠的方法，取而代之确立了自由联想法。

荣格也没有使用催眠的方法，而是通过联想测试法以及梦的分析来探析患者无意识的内心领域。即便是在今日，通过绘画或是盆景来表现内心的形式来治愈心灵的创伤或是强迫观念也是一种极其重要的方法。

后来又出现了另一种改善身心障碍的方法，即不追究事情的起因，只将强迫观念消除。发展这一方法的第一个人是法国人希伯莱特·伯恩海姆。

伯恩海姆是活跃在弗洛伊德上一代的人物，他曾经是一名内科医学教授，当时有一位在市里开业行医的李厄保医生的催眠治疗法颇受好评，于是他便前往拜访。后来他将李厄保的催眠治愈效果铭记于心，开始跟随李厄保学习催眠疗法。伯恩海姆评价催眠疗法是一种科学的治疗方法，并且开始有选择地对患者实施催眠疗法。用今天的话来说，伯恩海姆主要是对神经症患者采用催眠的方法，并获得了成效。此外，伯恩海姆明确指出，催眠的效果与暗示有关。伯恩海姆还发现，即使不使用催眠，让患者保持清醒状态也能达到相同的效果，其关键的方法在于暗示，他把这种治疗方法称为精神疗法。

这种让患者保持清醒状态并对其进行暗示的方法，相当于今日的"重构"心理治疗方法。

所谓重构，就是改变人的认知结构。比如说，人们不能从常识性的认知出发，把不去上学的孩子看成坏孩子，而要站在另外一个立场，把孩子不去上学看成孩子的一种自我保护。从这一种角度来看的话，就会发现孩子原来能够正确表达自己的意愿和想法，这样一来，人们对孩子的评价就会完全改变。

另外，孩子不去上学也可以让人意识到一些问题的存在，并从中发掘出更多的意义。通过改变自己的观念，改变自己的处事方式，自己的心理也更容易恢复正常状态。

人们也可以通过重构的方式，重新审视脑海中某些先入为主的观念，从而将这些观念彻底破坏。通过重构的方法，人们也就没必要将一些无意识的欲望或已经忘掉的心灵创伤一遍一遍地从内心中挖掘出来。时至今日，这种方法经常被用于以认知行为疗法为开端的各种各样的心理疗法当中。

只不过，在一些很难治愈的案例中，患者的强迫观念多数是与内心的创伤紧密结合在一起的。

因此，不管怎么改变自己的行为及思考方式，如果无法解开心结，也就不能顺利地改正自己的强迫观念。

消除心理创伤的方法

当强迫观念与心理创伤紧密结合在一起时，对于直面这一困难，患者往往会表现出极强的抵触情绪。

而要想恢复正常的心理状态，不能逃避问题，必须积极地面对问题。虽然这是一个极为艰难且耗费时间的过程，但如果只是一味地逃避问题，就很难从强迫观念中脱离出来。

当患者伴有严重的心理创伤时，有一种比催眠更安全而且可以普遍帮助患者克服这一心理障碍的疗法，叫作EMDR[1]。EMDR的方法就是治疗师把自己的手指放在患者眼前五十厘米的地方，让患者的眼球随着自己的几根手指来回移动，使患者在反复进行眼球运动的同时回忆起曾经受到创伤的场景。同时，如果让患者将回忆起来的创伤与治疗师分享，取得彼此间的共鸣，并且进一步改变患者的认知结构，鼓励患者继续积极生活的话，那么确实可以起到解除患者心结的作用。

---

1 眼动脱敏与再加工，英文全称是"Eye Movement Desensitization and Reprocessing"。——编者注

为什么这种方法有效呢？当人在做梦或处于雷姆睡眠状态[1]时，也同样会发生眼球运动。并且处于雷姆睡眠状态时，作用于大脑的海马长期记忆中枢会呈现出活跃状态。从这一点可以看出，这种方法有效的原因可能在于眼球的运动可以刺激海马区，从而促进人类记忆的重构。

另一方面，很多人由于在幼年时期没有得到足够多的满足感，会对某些阶段产生固着，并长期处于固着状态中。固着是人在幼儿发展阶段中的一大阻碍，一旦发生，人的兴趣便很容易停留在某一发展阶段而无法继续发展下去。

要想克服由固着产生的发展停滞现象，只有将出现问题的发展过程重新来过。如果幼年时期因某种不满足感导致心理创伤，他仍需要在某种程度上重新获得对这方面的满足感。当然，很多人都在无意识中寻求这种满足感，比方说长大后试图弥补自己小时候渴望的东西。

举个身边的例子，有的人在小时候有了弟弟妹妹之后，必须把母亲让给弟弟妹妹。这样的人很容易对这一时期产生固着，不能正常看待母亲的离开。到了青年期，他仍有可能因为曾经被母亲抛弃而深感不安，甚至患上抑郁症。这样的人还不如小时候就大胆地去亲近母亲，寻求母亲的关心，这样的话，以后的日子也会顺利一些吧。

即使已经长大成人，从某种程度上来说，人们也有必要弥补以前感到不满足的地方。这样人们会了解到自己内心所具有的某种强迫观念，更能客观地重新审视自己，逐渐从强迫观念中脱离出来。

---

1 雷姆睡眠状态，简单地说就是浅眠。虽是睡眠，但脑的一部分却在活泼地活动。——编者注

怪癖心理学

6

只爱玩偶

玩偶之家

易卜生的话剧《玩偶之家》讲述了一位被剥夺人格的女性获得独立解放的过程，而现代美剧《玩偶特工》（*Dollhouse*）同样以不具备人格的女性为主题，并获得了超高的收视率。《玩偶特工》可以说是话剧《玩偶之家》的现代版本。

"Dollhouse"是一个非法组织的别称，他们将诱拐来的女孩的记忆抹去，让这些女孩变成天真的玩偶，当执行任务时，再在她们的大脑中植入迎合顾客喜好及要求的人格，让这些女孩为他们做事。由艾丽莎·杜什库饰演的艾科就是这样一个玩偶。艾科具有出色的美貌，且极为优秀，她有时会是别人的情人，有时又变身为卧底警察，她的大脑里却残留了一些无法抹去的记忆……故事就是这样展开的。

这部美剧为什么会让观众毫无违和感地接受，并且刺激观众的想象力，原因之一就在于它将人类的人格和记忆是变化万千的这一常识渗透到了我们每个人的心里。

而另一个能吸引观众、刺激观众的原因在于观众能从中体会到一种幻觉般的快感，人类竟然能操纵他人的人格和记忆，能把人像"洋娃娃"一样当作道具来满足自己的欲望。

而这些也与现代人的矛盾性欲望有关。人们觉得个人的人格和记忆是任何事物都无法取代的，是唯一的东西。也就是说，人们正是从这种唯一性里找到了作为一个人的尊严。

如果从这种人道主义的观点来看这部美剧，一直被他人玩弄，被他人改变人格和记忆的艾科就是一个悲剧性的人物，她的人格被他人以最狠毒的方式践踏了。

可是，能真正从人道主义角度来看这部电视剧的人恐怕只是少数。美剧制片人虽然将主人公作为悲情角色来设定剧本框架，但这种设定只是故事框架的表面形式而已。

倒不如说，这部美剧之所以能吸引大部分观众的眼球，就是因为剧中所讲述的连人类最具尊严的个人记忆和人格都可以被他人随心所欲地操纵这一点。观众正是从操纵者与玩偶般的非人类之间的关系中体验到了某种特殊的愉悦感。

艾科是个性感又极其危险的角色，每当她完成任务时，组织就会将她的记忆抹去，让她再次恢复到天真的玩偶状态。在接下来的剧集当中，她又被植入完全不同的一种人格。这种身份的不断转换也是这部电视剧的另一个魅力所在。

用巴塔耶一派的话来说，这种玩弄他人人格的做法完全是一种打破极端禁忌的行为，里面不仅包含了将人类像玩偶一样操纵玩弄的欲望，而且可能还隐藏着像给玩偶换装一样轻易改变他人人格，控制他人行为的愿望。

内心所隐藏的愿望及心理创伤不同，对这部电视剧的评价也会不同。从中我们可以看出现代人身上时常出现的两种异常心理。

一种是像支配玩偶一样支配他人的愿望；另一种是人们对自我同

一性的怀疑，即人类既然可以随时卸下个人的人格和记忆，如同戴面具一般游走于不同的人格和记忆中，那自己究竟是谁？

而且，人类在探求自我同一性的同时，内心也存在着想要从自身人格中逃离的矛盾心理。从这一层意义上来看，现代人既是玩偶的操纵者，同时也是住在玩偶之家的人。

同一性扩散的时代

人类这样一种暧昧的自我同一性并不是现代人的特殊产物。受佛教轮回转世思想的影响，日本早在平安时代就出现了转世论，作品《浜松中纳言物语》就是其中之一。三岛由纪夫在写作他的最后一部作品《丰饶之海》时，也曾受过这部作品的启示。

在生命无常且随时可能面临死亡的时代，这种轮回转世的思想也与当时人们将现世的自己看成一种虚无缥缈的存在的思想有关。

人们将自己从一种特定的人格或命运当中解放出来，超越时空，让自己飘浮在一种更大的生存空间中。人们正是通过这种生存方式寻求希望与救赎的。

在当今这个高度文明的时代，人们拘泥于自我个性，然而所谓的个性也不过是像面具一般，越来越飘忽不定。在这样矛盾的状况下，人们也许和平安时代的人一样，内心充满着矛盾和不安。对这些内心不安且陷入人格危机的人来说，把个人人格当作可以随意更换的面具或衣服，像变色龙似的变来变去，与固执地只以一种完整不变的人格生存下去的方式相比，可能更接近内心的现实状况。

凭借《假面的告白》一举成名的三岛由纪夫，最后以一部转世论著作《丰饶之海》作为自己的遗留之作。如果将这一点与他本人热衷于健美，不断追求外表修饰的性格结合来看的话，我们就会发现，三岛由纪夫其实也是一个一直生活在玩偶之家的没有个人人格的玩偶。

被遗弃的"玩偶"叔本华

住在玩偶之家、失去人格的人们是如何生存下去的呢？首先致力于解决这个问题的是从自己的哲学中获得答案的亚瑟·叔本华。叔本华在其主要著作《作为意志和表象的世界》中谈到，这个世界只不过是一些梦幻般的"表象"而已，而推动这一"表象"的只能是没有任何目的和意义的"意志"。我们所有的喜怒哀乐都只是表象，这一切都是由盲目而变化多端的意志激发出来的。

叔本华的哲学是一种通过从正面认可"存在本身是没有任何意义的"，将人们从试图获得自我同一性（自我同一性即存在的意义）的徒劳中解放出来的哲学。

叔本华为何会创造出这样的哲学？这里我们需要思考一下心理学中图形与背景的关系，这个问题与叔本华曾经的境遇有关。叔本华曾经在自身人格的形成过程中极为受挫，而且他确实没有感受到自身存在的意义。

这种状况在他很小的时候就已经出现了，因为他是个被母亲遗弃的"玩偶"。

叔本华与母亲之间的关系一直很冷淡，父亲死后，他们的关系变得越来越僵，最终断绝了母子关系。这其中必然有其自身的理由，但这确实也是现代社会中经常发生的一种状况。

母亲约翰娜和父亲海因里希的年龄相差很大，约翰娜之所以接受海因里希的求婚，是为了忘记刚刚失恋的痛苦，而且海因里希出身名门，拥有雄厚的经济实力。钓上金龟婿的约翰娜从来没有真心爱过自己的丈夫，对于自己的亲生儿子亚瑟，也仅仅是在他刚出生的时候对他有过一丝爱恋。

后来成为女作家并取得出色成就的约翰娜，也承认过她和世上所有的母亲一样，在孩子刚出生的时候曾经沉迷于"玩偶的游戏"，可是她很快就厌倦了这个游戏。她越来越厌烦自己的儿子，开始频繁地参加各种华丽的派对，把自身的享乐放在首位。

亚瑟得不到母亲的关心，六岁的时候就已经对生活深感绝望，整天闷闷不乐，这也许是因为被母亲抛弃后患上了抑郁症。对于自己的孩子，约翰娜不仅没有给予一丝的关心，甚至将儿子赶到了遥远的朋友家中。

后来亚瑟继承了父亲的事业，开始经商，可是他真正感兴趣的是哲学。这时发生了一件无法挽回的不幸的事情，因中风发作而身体瘫痪的父亲自杀了，而约翰娜没有征询儿子的意向，就擅自卖掉了海因里希的商行。

也因此，亚瑟得以开始学习自己喜欢的哲学。母亲擅自卖掉父亲创立的商行这件事让他对母亲越来越不信任。而且，亚瑟也了解到了父亲自杀的真相。父亲病倒之后，母亲对他的态度极为冷淡，所以绝望的父亲最后选择了自杀。

可是那时亚瑟并没有责备过母亲。对于母亲的所作所为，他也一直保持沉默。那时的亚瑟还是希望能得到母亲的关心。因为只有不被爱护的孩子才会注意观察母亲的脸色，才会不想去破坏母亲的心情。

约翰娜用丈夫的遗产在魏玛开了一间沙龙，并开始与歌德等文人交流，之后她更是成为一名出色的作家，受到很多艺术家及名士的吹捧和追逐，后来竟然有了一个年龄和自己儿子相仿的情人。直到此时，亚瑟和母亲的关系终于开始变得越来越不和谐，并最终决裂。

叔本华的厌世哲学正是萌芽于这样一种境地。

对只为自己而活的人来说，孩子就像一个玩偶。如果有更好玩的游戏，他们就会毫不犹豫地将玩偶扔掉。可是，被扔掉的玩偶却在苦苦寻找自己的父母。大部分的悲剧就是这样发生的。

叔本华却从相反的角度得出了这样的判断，即如果自己是玩偶的话，那么世界不过是个假象，是不存在任何意义的。叔本华就是通过这样的理念，将自己从不被母亲所爱的心结当中释放出来的。因此，叔本华的哲学与悲观的伪装避世不同，是一种强有力的生存战略。

当然，这其中也隐藏着一种被遗弃的"玩偶"所具有的难以形容的悲伤。

被母亲当作玩偶的孩子

不具有独立人格的玩偶不具备自身的主体性。具备主体性的玩偶，也只是在他人为其穿上现代的衣服，并给予其人格之后才存在的。在母亲把孩子当作玩偶来抚养的时候，拥有主体性的是母亲而不是孩子。这时母亲成了操纵者，而孩子则成了母亲的玩偶。

但是，孩子终究会长大自立，也就是说，他终究会塑造自身的个人人格。而一直作为母亲的玩偶成长起来的孩子在人格的塑造过程中必然会屡屡受挫，容易受到痛苦的折磨。

我们把既是自身的一部分同时也是其他客体的这一存在称为自体客体。自体客体就是按照自己所想所形成的各种所有物，自己喜欢的玩偶也是一种自体客体。成为玩偶的孩子也可以说是母亲的自体客体。

然而，所谓的自体客体，本来是指婴儿在培养与客体的关系阶段，辅助其成长的一种过渡性存在。也就是说，通常自体客体指的是孩子的母亲。通过自体客体对自身要求的满足，孩子才能保持内心的安全感，得以逐渐成长。母亲只有尽力去满足孩子的需求，以一种充满爱意的眼神去回应孩子的呼唤，一直陪伴在孩子身边守护着孩子，孩子才能安心地长大。

可是，如果孩子变成了母亲的玩偶，上述关系就成了一种相反的关系。现实中这样的逆转关系频繁发生，由孩子担当扶持父母、安慰父母的角色。

那么，为什么会发生这样的逆转关系呢?

一般来说，孩子会将他人看成自身的延伸，两者是一种自体客体化的关系。

随着孩子长大成人，孩子会将他人看成一种独立的存在，并会学习如何与他人发展双方之间的关系。在孩子与他人发展成对等的相互共鸣的人际关系的同时，他们与一直以来扶持自己的作为自体客体存在的父母之间的关系，也会转变为一种相互独立的关系。

可是，如果在成长阶段孩子没有得到自体客体的充分诱导和帮助，而是在一种被过度保护的环境下长大的话，那么，孩子将不能获得充分的自我独立及安全感。即便已经长大成人，孩子依旧很容易被自体客体化的关系所牵绊。

如今的社会，自体客体化的关系似乎更容易发生。这种现象用一句话来说，就是一种社会的自我爱恋。

自恋者过于纯粹的爱情

被自体客体化关系牵绊的人，容易面临如何处理与恋人或配偶之间的关系的问题。当恋人或配偶成为自体客体时，他们或者成为对方的称颂者，觉得对方所要求自己的事物充分展现了对方的伟大；或者成为服务于对方要求的服务者。而当自己的期待没有得到实现时，他们又会变得愤怒不已，强迫自体客体服从自己，或是毁掉自体客体，否则他们就会毅然舍弃自体客体。

之前我们讲过，沉迷于猎色的哲学家罗素，一旦女性对他失去吸引力，他就无法忍受与这名女性继续在一起。假如有一天我们不喜欢某个玩偶了，那么将它扔在一边不去搭理也就意味着拒绝，可是罗素不再喜欢某个女性时，他会毫不犹豫地直接向对方说明事实。先诱惑对方说"我爱你"，一旦对方舍弃丈夫来到他的身边，他又会毫不犹豫地告诉对方"我已经不爱你了"。

这可以说是一种洁癖，但更确切地说是一种感情的缺失。对罗素来说，唯一重要的及有意义的是自己的感觉和心情。他完全不把对方的感觉和心情放在心上，正如我们不会考虑玩偶的感觉和心情一样。

一直停留在幼时的自我爱恋中的人们，在爱情中对待自体客体的态度就是这样的。这样的人对自体客体的爱情，与其说是对等的心有灵犀的爱情，倒不如说是一种自我陶醉，因为对方或者可以衬托自己的伟大，或者作为偶像一样存在，投射出自己的理想。前者多会选择能赞美自己且不对自己的优越性产生威胁而又与自己不般配的人做恋人或配偶，因为这样可以让自己安心地接受对方的称颂。而后者容易选择与自己形象相似，与自己具备共通点的同性或是近亲者作为客体，正如原本柏拉图式的爱情指的是同性之间的爱情一样，在自体客体化的爱恋中，异性反而是一种"不纯洁"的存在。

身为双性恋的拜伦，最倾心的就是自己同父异母的姐姐奥古斯塔。拜伦和她之间就是一种禁忌的感情关系。对拜伦来说，这段关系就如同性恋一般隐约而又朦胧，给拜伦带来一种毒品般的魅力。为了封锁人们对其近亲通奸的恶劣传言，拜伦毅然决然地与姐姐结婚，而这不可能是一场幸福的婚姻。

与自体客体之间的爱恋，并非只发生在特殊的人群身上。在当今社会，人们总会不同程度地有一种自恋心态。从这一点来看，任何人都存在与拜伦或是罗素相似的境况。

大部分人的自体客体化爱恋，都是对明星或偶像，甚至是对动漫人物产生的憧憬之情，这种感情通常比其与现实中的人物之间的感情还要强烈。因为有些人觉得，与理想化的偶像相比，现实中的人的个性太不完美，让人无法忍受。

疲于婚姻生活的家庭主妇热衷的虚幻恋爱——"空气恋爱"[1]，也可以说是一种与自体客体之间的爱恋。体现自我爱恋的自体客体关系并不会伤害到本人，也不会破坏本人的梦想，因此，与自体客体展开的恋爱是一场安全无险的游戏。

1 对恋人或是配偶以外的异性进行幻想的恋爱。——译者注

自恋的人忌妒深

在一个充满自我爱恋的时代，人与人之间的关系也逐渐自体客体化，其中一个情感特征便是忌妒。

与忌妒相关的异常心理，就是我们一直以来所熟知的"忌妒妄想"。其典型案例多表现在中老年人身上，中年女性总是会怀疑丈夫对自己不忠，或者反过来，性功能开始衰竭的中老年男性经常会怀疑自己的妻子对自己不忠。哪怕配偶一直尽心尽力地陪在他们身边，有些人还是会觉得配偶一定做过对他们不忠的事情，为了弥补自己的罪过才一直对他们温柔有加。这些案例一般是在中老年人的自身魅力或性功能开始下降的时候发生的。

然而最近，年轻情侣之间也出现了由对方异常的忌妒心理导致的感情危机。忌妒心强的年轻人经常会监视恋人的一举一动，或是频繁检查恋人的手机，通过约束对方的行为来达到独占对方的目的。

这种类型的人总是把交往或爱情关系当作一种支配或所有关系来对待。对他们来说，恋人或配偶并不是独立的个人，而是他们的所有物。他们将恋人或配偶当作宠物或玩偶，认为对方是自己的所有物，可以随心所欲地支配，也就是把对方看作自体客体。结果便是，如果对方在自己的控制范围之外与其他人有任何关系，他们就会愤怒，就会有挫败感。

有些人从小时候开始就抱有自我爱恋的心态，他们会把所有威胁自己独占一份爱情或关怀，妨碍自己的优越性的人看成威胁自己幸福的存在。

即使对方是自己的孩子或丈夫，如果对方比自己成功，比自己幸福，他们也会想方设法地剥夺对方成功和幸福的机会。只要对方获得的称赞比自己多，他们就会有一种被他人轻视的感觉。随着忌妒心的加强，这些人与亲人也会不欢而散。配偶之所以会虐待孩子，也多是因为对从自己身边抢走伴侣的爱和关怀的孩子的忌妒心理。

被当作女孩养大的王尔德

　　容易引发问题的自体客体化关系除了会发生在恋爱、结婚等方面，还会发生在抚养孩子方面。孩子本来就是在父母的要求和意愿下成长的，所以孩子会比恋人或配偶更容易成为自体客体。父母对孩子的期待不同，孩子的成长方式也就不同。有时候，父母会将自己的愿望投射到孩子身上，让孩子代替自己去实现。被当作自体客体来对待的孩子，和为了被端上饭桌才被养育的家畜一般，他们并不是出于自己的意愿，而是在他人的意图下才形成了一副变形的躯体和一颗扭曲的心灵。就连他们身上所谓的才能，也可能只是一块供他人食用的带有脂肪的肉而已。

　　以一系列唯美主义作品《莎乐美》《文德美夫人的扇子》《道林·格雷的画像》等闻名于世的英国作家奥斯卡·王尔德，五岁之前都是被母亲打扮成女孩子的样子来抚养的。王尔德是次子，他有一个比自己大两岁的哥哥，因为母亲特别想要一个女孩，所以在王尔德出生以前，母亲只准备了女孩穿的衣服。通常来说，既然生的是男孩，父母就会把他当成男孩子来抚养。可是王尔德的母亲好像难以斩断自己对女孩的爱恋，在抚养王尔德时，母亲总是优先考虑自己的想法。

　　这样一来，王尔德的性取向完全混乱了。他不仅喜欢穿女装，而且一直对同性颇有好感。其实王尔德是双性恋，他对异性和同性都会产生爱意。如果母亲没有把王尔德当作女孩抚养长大，也就不会导致王尔德性取向混乱，王尔德的悲惨结局有可能会避免。

说起来，三岛由纪夫也有相似的经历。之前我们讲到，受祖母溺爱的三岛在没有母亲陪伴的环境下长大，而三岛的祖母也给童年的三岛制造了一个扭曲的成长环境。祖母以"和男孩子玩太危险"为由，为三岛选择的玩伴都是女孩子，并把三岛当成女孩来抚养。三岛的双性恋取向也是受童年时期的成长环境所影响的结果。

另外，王尔德被母亲灌输的另一个思想，就是以后一定要出名。王尔德的母亲曾是一位富裕的律师的女儿，受过进步的思想教育，并不是一位充满母性的女性。她一生都将自己打扮成比实际年龄小五岁的样子，虚荣心极强，而且非常看重周围人对自己的评价。

王尔德的母亲经常会说，自己在当时的社会绝对是个不平凡的女子，自己的人生也绝对不会是平凡的。她一方面热衷于解决社会的贫困问题以及推崇女性的解放，另一方面却从来不去体会他人的痛苦。作为一名私人开业医生的妻子，她浪费丈夫的钱如流水一般，生活极度奢侈。

而她想要将自己的绚丽人生留给后世的愿望，也被植入她的自体客体——儿子王尔德的脑海里。小时候王尔德的口头禅就是"我想要出名"。

王尔德认为，成名的关键在于能够一鸣惊人。于是，王尔德就按自己的方法去做，并得到了人们狂热的支持，坐上了文坛之星的宝座。而王尔德做的这一切，与其说是自己踏踏实实获得的幸福，倒不如说只是为了满足想要追求盛名的母亲的愿望而已。不知不觉间，为了满足甚至都不把自己当儿子的母亲的愿望，王尔德写出了令人震惊的恶劣作品，生活状况也变得极为怪异。而正是他丑恶可耻的生活状态导致了他的悲惨结局。

"艺术就是一种慢性自杀。"正如王尔德自己所说的那样，他的人生也一直在趋向毁灭。造成王尔德不幸的晚年事件是他与阿尔弗莱德·道格拉斯之间的同性恋情被告发。根据当时的法律，他被判处有罪，并不得不度过一段监狱生活。有些人即便曾经入狱，仍然能将这段经历化为自己的勋章，并在社会上越来越活跃，而王尔德却因为入狱被刻上了污名，出狱后离开了英国，晚年在衰落中度过。

在残酷的判决及屈辱的监狱生活的打击下，神经脆弱、容易受伤的王尔德很难将这种痛苦经历当作对自己精神的考验，并从中开辟出另一番境地。父亲遗留的财产早已被母亲挥霍殆尽，落魄的王尔德最后只能潦倒绝望地度过自己的余生。

也许对王尔德来说，他人生中最大的不幸就是从来没有体验过一份平凡的母爱。

"好孩子"的危险

父母虐待孩子最容易发生在孩子开始有自己的思想并且按照自己的思想做事的时候。也就是说，虐待较少发生在婴儿期，尽管在婴儿期父母抚养孩子的负担更重。虐待会在孩子两岁，父母的负担开始减轻时急剧增加，在孩子四岁的时候达到顶峰。孩子上小学低年级的时候也是经常发生父母虐待孩子的情况的时期，其原因就在于，小时候一直听话的孩子开始渐渐对父母的要求产生逆反心理。

当父母把孩子当作自体客体来抚养的时候，如果孩子不听话，父母会认为孩子对自己有"反抗"或"背叛"心理，即使是自己的亲生孩子，父母也会因此感到愤怒、受挫。当父母把孩子当作自体客体来对待时，孩子就会被迫做出二选一的选择：是应该做顺从父母的"好孩子"，还是做一直反叛他们的"坏孩子"。

做"坏孩子"当然会出问题，而当"好孩子"也并非万事大吉。"好孩子"会渐渐无法清楚地表达自己的想法，逐渐成长为一个喜欢压抑喜悦和感情的人。而这些问题，就像在接下来的文章里会提到的那样，会为孩子的将来埋下艰难的伏笔。

为什么杀掉自己的孩子

由虐待进而将孩子杀掉的事件，近来时有发生。将婴儿杀死在襁褓中或是逼迫孩子与自己一起自杀这类事件很久之前就有发生。以前发生这类事件的多数原因是当时社会经济萧条，很多人都食不果腹，人们不得已才会那么去做。

而在当今社会，人人都有了社会保障，很难再发生以前那种被逼无奈的窘况，但是为什么仍然时常发生将孩子虐待至死或是杀掉孩子的事件呢？比起经济方面的原因，这个问题在更大程度上是社会和心理方面的原因。

实际上，我们如果翻阅有关母亲杀害自己孩子的相关案例，就会发现在某一个时期之前，这些母亲也曾经非常疼爱自己的孩子。

在这个时期之后，有些母亲开始对孩子表现出消极情绪，经常对孩子动怒，痛斥孩子，甚至放弃继续抚养孩子，悲惨的事也就在这个时候发生。

母亲仍然疼爱孩子的时候，一般都是孩子还顺从母亲的时候。而当孩子有了自己的想法，母亲逐渐感觉到越来越难以抚养孩子时，为了管教孩子，母亲便开始虐待孩子。

因此，将孩子杀死这样的悲剧一般不会发生在吊儿郎当的父母身上，而是多发生在守戒律、责任心强的父母身上。将孩子虐待至死的悲剧有时也发生在人格尚未成熟的年轻母亲身上，她们疲于照顾孩子，所以才会导致悲剧的发生。而将已经稍微长大点的孩子虐待至死的情况，更多的则是发生在有社会地位的人身上。他们由于自身太强的责任感才会做出那么残酷的举动。从这层意义上可以看出，虐待孩子至死的事情绝不仅仅局限于某一种人身上。

　　杀人，甚至是将自己辛辛苦苦抚养长大的孩子杀死的做法，是相当残酷的。这便是由与正常心理只有一纸之隔的异常心理所导致的。

杀掉亲生儿子的悲剧

　　曾经发生过这样一件事情，一名五十岁左右的男子用电线将自己三十五岁的儿子勒死了。这名男子中学毕业后，开始在电器店工作，然后凭借自己的电气技术做起家电修理的营生，是一个忠厚且责任感很强的男人。他与妻子结婚后有了两个儿子，然后，和他相伴十几年的妻子与他离婚了，这件事直接导致他后来的生活过得很辛苦。两个儿子都归他抚养，那时小儿子才刚上小学，他顺利地把两个儿子抚养长大。

　　然而，小儿子在上初中三年级的时候出现了反常情况，变得越来越不想去上学，高中入学考试也没有参加，最后退学了。小儿子退学后开始工作，却一直不稳定，辗转做了好几份工作，最后直接待在家里哪儿都不去了。除了来往于医院的内科或者精神科，小儿子几乎是无所事事地宅在家里。父亲觉得孩子没有工作整天闷闷不乐的样子很可怜，所以对他有求必应，给他买想要的昂贵物品。多亏那个时候父亲的生意还算一帆风顺，于是一再地给儿子买昂贵的汽车和电子产品。

　　而儿子对这一切习以为常，如果父亲没有买到他想要的东西，他就胡作非为，乱摔家里的东西，甚至擅自去借高利贷。即便如此，父亲也没有对他严加管制，一直为他善后。悲剧发生的两年前，小儿子曾和一个女孩交往并同居，但是俩人最后还是分手了，他又回到了自己家中。他把分手的原因转嫁到父亲和哥哥身上，张口责骂父亲，并殴打父亲。尽管如此，父亲还是觉得小儿子可怜，默默忍受儿子的暴力，还给他买了他要求的照相机和电吉他。

悲剧发生前差不多一年，父亲被诊断患有癌症，开始经常住院。小儿子的暴力非但没有收敛，反而变本加厉。他不仅威胁治疗中的父亲说"你给我买个一亿日元的保险"，甚至殴打父亲，用高尔夫球杆打坏家里的餐具。除此之外，他还故意拿哥哥出气，抢夺哥哥的值钱物品。父亲曾经多次和卫生站、警察及医疗机构商谈过，却一直没有下定决心对小儿子采取强硬手段。

悲剧发生的前一晚，小儿子再次逼迫父亲："你要是死了，我怎么办？赶紧给我买个一亿日元的保险。"遭到父亲的拒绝后，他大骂父亲："你还是不是做父母的？赶紧从家里滚出去。"因此这位父亲便离开了家，一个人把车停在公园里，在外边过了一宿。第二天早上，小儿子发现没有早饭吃，便命令父亲出去买吃的，父亲也按他说的去做了。可是当天晚上小儿子又因为买保险的事情怒骂父亲，遭到父亲拒绝后，他又挥舞起高尔夫球杆，并从厨房拿出菜刀恐吓父亲，责骂父亲说："就是因为你我才变成现在这个样子的。你就那么随便得了个癌症，你死后，我就让哥哥来照看我了。"父亲无奈到卧室里盖上被子开始睡觉。他为了不给大儿子一家惹来麻烦，觉得这一切只能自己亲手解决，于是在那个夜晚，终于无法忍受，用电线将自己的小儿子勒死了。

悲剧背后的父母心及责任感

父亲对刚上小学母亲就已经不在身边的小儿子充满了怜悯及内疚，而这种内疚心理，从小儿子初中三年级逃课，到后来没有去上高中，工作也找不到的时候，变得越来越强烈。父亲觉得至少可以用昂贵的物品来填补小儿子内心的空虚，这种笨拙的想法的背后隐藏着那颗为儿子殚精竭虑的父母心。

从父亲对小儿子感到内疚并对他言听计从开始，父子之间的支配关系就已经发生逆转了。

性格软弱加上父母亲某一方的离开，在被过度保护的环境下长大的孩子容易陷入一种不成熟的自我爱恋当中，并渐渐觉得父母对自己言听计从是理所当然的事情。这样的孩子会把身边的父母当成奴隶来支配，只要父母有一丝违背自己的意思，他们就会爆发出过激的自恋式的愤怒，会像暴君一样残酷地对待自己的父母。这一现象在家庭暴力的案例中并不少见。

这样的父母一般对孩子有着极强的义务感，认为孩子对自己实施暴力完全是因为自己没有尽到父母应尽的责任，所以不管孩子怎么对待自己，他们都会尽力忍耐。然而，一旦被害对象开始波及自己以外的其他人，出于强烈的责任感，他们就会认为自己必须出面制止。加之前文案例中的这位父亲也不知道身患癌症的自己还能活到什么时候，在感觉已经无计可施时，父亲产生了极端想法，认为事情只有靠自己亲手解决。

奉献的对象也是"另一个我"

自体客体的病理除了发生在一直虐待孩子，强迫孩子顺从自己的父母身上之外，还会发生在对孩子具有强烈奉献精神的父母身上。

其中，精神科医生福西勇夫在其著作《当"另一个我"出现的时候》中提到的一个案例，令我印象深刻。

有一个女孩幼年时期就患了肾脏病，需要一直接受透析治疗。在她一岁的时候，父亲因为车祸去世了，只有母亲一个人白天陪着她在医院做透析，晚上还要出去赚钱养家。而且，母亲还要不断安慰已经厌倦透析的女儿。当女儿质问"为什么只有我必须承受这些"的时候，母亲无言以对。

而且，医生说，即使持续做透析，女孩也只能活到二十岁。母亲想将自己的肾脏移植给女儿，可是因为血型不符，凭借当时的医疗技术很难做肾脏移植手术。

然而，随着免疫抑制剂的开发，母亲终于可以将自己的肾脏移植给女儿了。母亲欢喜不已，立刻告诉医生希望能给女儿做肾脏移植手术，并且费尽精力筹集了手术所需的费用。于是，肾脏移植手术终于要开始进行了。

一切如母亲所愿，手术很成功。女儿以后再也不用接受透析治疗，可以过正常的生活了。可是，母亲的心情却突然发生了变化。明明期盼已久的手术做得很成功，母亲却像个孩子一样，突然说她不想离开医院了。母亲的内心到底发生了什么样的变化呢？

福西勇夫在文中说，这些年来母亲始终守在女儿身旁，已经与女儿融为一体了。当女儿不用再做透析，不必再像先前那样一直依赖母亲的时候，母亲便对与女儿的分离产生了不安。人们对分离的抵触情绪，通常会以逆行的方式表现出来。

这么久以来，母亲对女儿的牺牲和奉献已经在不知不觉中成为母亲生命的一部分，只有那么做，才能给母亲带来生存的价值。

换句话说，对母亲而言，女儿一直像婴儿一样，自己必须全身心地保护她。因此，当女儿恢复健康，并且有可能从自己身边独立出去以后，母亲也就失去了自己生命的一部分，也就是失去了自体客体。

这种情况经常表现在空巢综合征的代表——中年女性的抑郁症上。

所谓空巢综合征，是指一心一意将孩子抚养长大的女性，一旦孩子独立，她们就会觉得自己失去了生存的意义，从而患上抑郁症。

但是最近，在远远早于成为空巢综合征的阶段，就已经有很多女性患上了抑郁症。孩子小时候原本是很听话的"好孩子"，随着渐渐长大，他们开始对自己的母亲表现出逆反心理，加上其他压力，很多女性便患上了抑郁症。

最近另外一种情况也有所增加。有些人一直以来为了照顾自己的父母牺牲了很多，而当父母去世之后，他们感到一种空虚感，抑郁不已。这种情况与前一种情况的心理体系可以说是一致的。

要想减轻失去自体客体之后的失落感，一种有效方法就是去获得另外一个全新的自体客体，最可行的方法就是养宠物。通过照顾宠物，与它们一起玩耍，以及宠物对自己的依恋情绪来填补失去自体客体后内心的空虚。只不过，戒律心强、做事一根筋的人是很难接受一个自体客体的替代品的。

失去依恋对象的悲伤

从上一节我们可以发现，自体客体的病理并非只发生在不成熟的自恋者身上，同时还会经常发生在责任感强，为了重要的人可以牺牲一切的人身上。义务感及责任感强的人会超乎寻常地关心自己依恋的对象。对这样的人来说，与依恋对象相关的日常生活及日常琐事，都是极其重要且不可替代的。

这种极其看重自己所熟悉之物的强烈性格倾向被叫作"固执性格"，拥有这种性格的人做事认真且责任感强。强烈依恋着自己所熟悉的事物，无法丢弃某些物品也是这种性格的一种特征。固执性格也是抑郁症患者典型的病前性格。

有一名性格爽朗，喜欢帮助别人的中年女性，突然有一天变得郁闷，而且也不做家务了。这名女性家庭幸福，一开始我也找不到任何与她的心情变化相关的家庭方面的原因。可是在听她讲述期间，我终于发现了一个可能的原因，就是她提到她家附近的森林被砍伐的事情。她说从家里窗户望出去看见的绿色风景一下子消失了："我一直把那片风景看作自己生命的一部分，它遭到砍伐，我就感到心里像是突然被钻了个洞一样。"说完还伤心地哭了。就像这名女性一样，当一直熟悉的风景突然改变时有人便会患上抑郁症，现实中类似的事情并不少见。

　　很久之前，有些人就有了搬家抑郁症的病症。其原因就在于搬家后，人们在费力去习惯新环境的同时，也失去了一直以来自己所依恋的景色和熟悉的人际关系。

　　当因为地震或海啸而使得家庭乃至整个城市消失得无影无踪的时候，人们内心的失落感更是深不可测。强烈地依恋着所熟悉的事物，看重与物和人之间的关系的人，心灵也更易受到伤害。如果其间再发生一些痛苦的事，创伤会更大。这个时候，重要的就是要将内心的失落感和悲伤彻底地发泄出来并加以控制，这样才能维持心理的平衡。

无法舍弃的人和物

固执性格的人对熟悉事物的依恋情绪格外强烈，他们对熟悉事物的变更及舍弃都会产生一种抵触心理。这既与本人不能灵活变通的倾向有关，也与无法斩断和人的关系及无法舍弃自己的所有物的心理有关。

而如果对这些熟悉的事物有过某种饥渴的经历，他们对这些事物的这种固执性格就会朝病态性阶段发展。这种饥渴经历可能是由极度贫困的生活而来的，但更多的是与曾经体验过爱的不足及孤立感，因此无法信任他人的爱的心情有关，他们只能通过对某些事物的执着来补偿自己的这一缺失。

有些人看到打折的衣服，即使知道自己不会去穿也会忍不住买下来，结果家里的衣服塞得到处都是。也有一些人衣服很多，也并不打算去穿，但是把它们扔掉又感到刺骨般的难受，以至家里的四个房间中有三个堆满了衣服，自己只生活在剩下的那间房里。

有一个年轻人，他一直将自己喜欢的几个电视节目用磁带录下来，十五年来一直要求自己这么做，最后录像磁带堆满了整间屋子，连从屋里取个东西都极为不便，可是他并没有处理掉这些磁带的打算。因为这些磁带已经成为他生存下来的重要证据。

一位五十岁左右的男性对栽种盆景极为着迷，最后他的家中到处都是栽插枝的花盆。而且看到路上还能使用的别人丢弃的大件垃圾，他也会不自觉地将它们捡回家中。结果，不仅仅是家里，就连家附近的路边也堆满了废品和花盆。最近由于他很少去打理自己的盆栽，花盆里长满了杂草，一眼望去就像一间"垃圾屋"一样。即使邻居向他抱怨，他也完全没有处理掉这些东西的打算。在旁人看来这些东西可能只不过是"垃圾"而已，但对他来说，这些东西就像对主人非常重要的布偶或宠物一样。所以如果别人让他赶紧丢掉这些东西的话，他当然会很生气。

依赖症

　　一旦作为自己生命的一部分的，一直支撑自己生存的自体客体被剥夺，人们就会感到失落和悲伤，最终走向抑郁。为了避免患上抑郁症，人们需要进行躁狂性防御，迫使自己接受困难的考验，或者找到一个富有爱意的新的自体客体。然而，无论是哪种方法，都不是轻易能做到的。因此，失去自体客体的人会逐渐产生对某种可以替代自体客体的事物的依赖行为。我们身边最常见的替代行为，就是对酒精的依赖。

　　对大部分人来说，人生最初的自体客体便是自己的母亲，母亲所给予的拥抱和乳汁是人们获得安全感的源泉。因为母亲会温柔地晃动我们，让我们入睡，会用自己的乳汁满足我们饥饿的肚囊。

　　之所以有些人会在失去自体客体后沉醉于酒精、药品或者暴饮暴食当中，就是因为这些替代品带来的满足感和母亲给予的是一样的。醉意所带来的心情舒畅也与小时候母亲带给我们的平静祥和的心态一样。

　　对大部分的人来说，消除失落感最迅速的方法就是喝酒，可是酒精会使抑郁症恶化，而且会使心理问题越来越严重。在中老年自杀者当中，同时患有抑郁症和酒精依赖症的人非常多。

怪癖心理学

7

罪恶感和自我否定的深渊

恋母情结

我们经常说的"恋母情结"与荣格所谓的"大母神"类似。大母神是人类普遍可见的原型之一，她既伟大慈祥，又有着对孩子强烈的支配欲，这支配欲强烈得如同要贪婪地吞食掉自己的孩子一般。大母神般的母亲形象会成为一种情结，在潜意识当中支配着一直受到母亲的支配而长大的人。

母子之间的关系越亲密，介于其间的父亲或是祖父母的影响就越稀薄，母亲的支配程度就越容易变得强烈，因此才会有越来越多的人在不知不觉间受到大母神的支配。

在母亲的支配下长大的人，在对母亲充满依赖的同时，也会陷入失去自我的空虚和违和感中，他们很少能感受到自身的意义所在。这样的人一方面想做真实的自己，另一方面又对父母言听计从，这两者之间存在着极大的分歧，而这种分歧又经常成为人们产生异常心理或患上精神疾病的原因。

最典型的例子就是罗马皇帝尼禄与母亲阿格里皮娜的故事。阿格里皮娜的父亲日尔曼尼库斯曾是一位有皇帝风采的颇具才能的英雄人物，却英年早逝。他遗留下的女儿阿格里皮娜从此在不知道何时被人所杀的惊恐中生活。阿格里皮娜唯一的愿望就是自己的儿子尼禄能成为皇帝，因此，即便生活再苦再难，受到再大的屈辱，她都能忍耐。她将对手一个个毒死，为了让自己的儿子当皇帝，又嫁给了老皇帝克劳狄乌斯。克劳狄乌斯死后，儿子尼禄终于登上了帝位。

成为皇帝后，尼禄对母亲言听计从。母亲对儿子的支配不仅仅在心理方面，甚至还触及儿子的肉体和性爱方面。阿格里皮娜开始辅导儿子的性爱，甚至和尼禄发生了乱伦关系。比起自己十四岁的年轻妻子，尼禄觉得将近四十岁的成熟美丽的母亲更具有难以抵挡的魅力。

可是，尼禄对母亲的这种感觉仅仅持续到他喜欢上妻子的侍女阿克代的时候。当尼禄告诉母亲，自己想要和妻子离婚，然后和阿克代结婚的时候，阿格里皮娜强烈反对。可是，这个时候的尼禄没有服从母亲。身为皇帝的尼禄对一直以来被母亲支配，成为母亲操纵的玩偶的反抗情绪终于转变成了憎恨。

为了摆脱母亲，尼禄渐渐对母亲起了杀心。最后，尼禄将辛苦助自己登上帝位的母亲杀害了。母亲死后，尼禄完全失去节制，整天沉溺于享乐，在放荡中身败名裂。他还沉迷于暴饮暴食和性倒错的性行为中，甚至在一次脾气发作时踢了怀有身孕的妻子，致使妻子和腹中的孩子同时死亡。

从那以后，尼禄不再相信身边的任何人，就连一直忠于他的人也一个一个地被他杀掉了。他的恩师哲学家塞涅卡亦不例外。尼禄的身边只剩下对他阿谀奉承、溜须拍马的人，没有任何人再向他谏言，给他出谋划策。最后，尼禄众叛亲离，走向了灭亡。

酒精依赖症的背后

　　这样的悲剧在现代也以另一种形式反复上演。最近有这样一篇报道，一名企业高管挪用公司的巨额贷款，在赌场挥霍殆尽。这篇报道让大家深感世事变迁。这名高管曾经受过高等教育，身为创业家族第二代的他年纪轻轻就跻身公司的最高管理层。表面上看他在职场平步青云，私底下却迷恋上了赌博且无法自拔。每个星期天，他都要飞往中国澳门或新加坡挥霍一场，一赌就是上亿，把祖父和父亲辛苦创立起来的公司的财产挥霍殆尽。

　　如果他真的从内心渴望继承家族企业，是不会在歧途中浪费自己的时间和金钱的。如果依靠自身努力成为一名高层管理者，他也不会为了一己之乐将公司财产挥霍殆尽。

　　接受过高等教育且能力突出的人之所以会沉迷于荒诞的行为，甚至到身败名裂的地步，其背后隐藏着的是和皇帝尼禄一样的心境，即厌烦自己的人生。而这种心境产生的根源就在于自己走上了一条被他人选择而自己却并不期待的人生之路。

　　我由此联想到了另一个与此相关的案例，那就是荣格所讲述的一个财团公子的故事。这名财团公子曾经在美国一家大型企业担任要职，由于患上了酒精中毒性神经衰弱，来找荣格寻求治疗。他出身于一个富有且有名望的家庭，有个可爱的妻子，生活也无忧无虑。他为何会沉溺于酒精？原因恐怕很难找到。

可是，荣格很快就发现，这名男子之所以开始迷恋酒精，是因为他一直在迎合母亲的支配欲望。

"他其实很早就应该从对母亲不情愿的顺从中逃离出来，可他无法下定决心抛弃现在这么优越的职位。因此他一直顺从母亲，受制于母亲把他安置在公司。每当和母亲在一起的时候，或者是屈从于母亲干涉自己的工作时，他便开始喝酒以麻痹或消除他的情绪。"（《荣格自传》）

经过短时间的治疗后，这名男子停止了喝酒，并觉得自己已经被治愈，于是又回到了美国，可是他的症状好转只不过是母亲不在身边的缘故。荣格这样忠告他："如果你回到以前的情境中，我不能担保你不会旧病复发。"这名男子根本听不进荣格的忠告，回到母亲的公司继续工作，不出所料，他的酒精依赖症再次发作了。

在这种情形下，这名男子的母亲再次向荣格寻求建议。荣格便劝告这位母亲撤除儿子的职位。这位母亲理解了荣格的意思，听从了荣格的劝告。

在公司失势的儿子当然对荣格大发牢骚。通常，医生会为了保护患者的利益而采取不让患者丢失工作的办法，比如暂时停职，然后在这段时间寻求治愈的方法。可是，荣格觉得这种方法只会严重影响患者的将来，从长远来看并不利于患者的恢复。

荣格的治疗方法是，在被问题所困时不应该试图逃避问题，而应该直面问题。因为通过回避问题而为自己争取时间的方法，即使能在短时间内使人们避免当前的失败，也会延误真正意义上的精神恢复。

那么，这个案例的结局是什么呢？这名离开母亲身边的男子不仅克服了自己的酒精依赖症，而且凭借自己的能力开辟出了一条自己的人生道路，不久他的能力就开花结果，他也收获了巨大的成功。

尼采为何一定要杀掉上帝

对孩子来说，脱离父母的支配是完成独立的必要条件。如果父母的支配欲望太过强烈，孩子就会在寻求独立的过程中承受巨大的痛苦。

众所周知，"上帝死了"是尼采著作中的一个重要概念。尼采的父亲曾经是一名牧师，在尼采四岁的时候，父亲就去世了。身患脑软化的父亲度过了极为残酷的晚年。父亲不仅患有认知障碍，而且还痉挛发作、失明。据说当时父亲痛苦的叫声一直响彻屋外。或者他可能和儿子尼采一样，最后也患上了神经梅毒。

即便如此，尼采仍然一直很尊敬父亲。尼采的母亲也是一位虔诚的信徒，尼采觉得自己也应该成为一名牧师，于是他进了神学系。那么，这样的尼采又为何会否定上帝的存在，并创造出与基督教对立的哲学来呢？

随着身为牧师的父亲的去世，尼采一家失去了生活的收入和自己的家，因为牧师一旦去世，其家人就必须迁出牧师馆。全家只靠母亲微薄的养老金根本无法生活下去，不得已一家人只好搬去和祖母与两个姑姑一同生活。好的房间都被祖母和姑姑们占了，母亲和尼采以及尼采年幼的妹妹只能挤在一间不见天日的阴暗小屋里。父亲去世的时候，尼采的母亲只有二十五岁。她本可以再婚，可是作为虔诚的教徒，母亲只把对亡夫的回忆以及孩子们的成长当作自己生活的慰藉，继续生活下去。

正因如此，母亲对教育儿子充满了热情，加倍努力地培养尼采。尼采在三岁前还不能开口说话，而且是个神经过敏的孩子。可是他学会说话的同时，几乎便学会了读书、写字，开始显露出天才的一面。母亲为他制订了课程表，片刻不离地教导尼采。母亲得到一架中古的钢琴后，也让尼采学起了钢琴。

母亲的教育方法非常严格，她就像时刻挥舞着手中的鞭子的调教师一样。她不允许尼采有任何例外，要求他做一切应该做的事情。基于她极其忠于义务的生活方式，这样的教育方法也不足为奇。除此之外，姑姑们也经常用冷水浴来锻炼尼采的意志力。

在这样严格的管教下，尼采成了一名举止端庄的优等学生。但谁都没有意识到尼采为此在其他方面做出了巨大的牺牲。尼采后来回忆说："其实在我的幼年时代和少年时代，没有什么回忆是快乐的。"

然而无论如何，在母亲的悉心教导下，尼采作为免费生进入了名门学校——普夫达中学，开始了他的寄宿生活。在这所学校，尼采成绩第一，还会写诗作曲，是当时的神童。可他完全无法适应满是规则的学校生活。不管他尝试用多强的意志力去适应这样的生活，他的身体从来都不听使唤。

据学校残留的病例记载，尼采经常反复头痛，患上了风湿症或黏膜炎。而且尼采从小就被噩梦困扰。另外就像之前讲述的一样，尼采还经常受幻听和幻视之苦。可以说尼采的这些症状都是由小时候父亲悲惨的死亡给他带来的恐怖心理及罪恶感所致。

尼采在十几岁的时候就很喜欢读书，他最欣赏的人是拜伦。因为尼采从拜伦的书中获得了自身压抑感的释放。即便如此，尼采还是没有辜负周围人的期待，进入了波恩大学神学系。可是，在那以后，尼采再也不能自欺欺人了。

在神学系的时候，尼采偶然得到叔本华的《作为意志和表象的世界》一书。他开始沉浸在这本书中。第一学期结束，他便不再学习神学，转为学习古典语言学了。在这个时候，尼采克服了长年以来的幻听，终于从已亡的父亲的咒语当中解放出来，重新恢复了精神的健康。

这一转变也给尼采带来了好运。他的指导教授认为他具有非凡的才能，由于教授的推荐，年仅二十四岁的尼采被聘为巴塞尔的大学教授。

这时，年轻的尼采与音乐家瓦格纳结为至交，他还将自己的处女作《悲剧的诞生》作为对瓦格纳歌剧的称颂献给了瓦格纳。从社会性的角度来看，这也是尼采人生的最高峰。然而《悲剧的诞生》甫一出版，不论是在当时的古典语言学领域，还是在大学内部，尼采都受到了极大的嘲讽，他也因此被大家完全孤立。后来随着与凭借歌剧作品《尼伯龙根的指环》大获成功并一跃成为音乐界名人的瓦格纳之间关系的急速冷却，尼采也受到了瓦格纳的追捧者的诽谤和中伤，渐渐失去了在社会上的立足之地。

即使成为教授，尼采的私生活也过得极不顺畅，连在社交场合自由潇洒地与女性攀谈都变成他最不拿手的事情了。能够让尼采敞开心扉的交流者也只有尼采的母亲和妹妹，还有少数的男性朋友而已。一次，他的极少数的信奉者中的一位男学生邀请他去旅行，也遭到他的拒绝。失意的尼采身体状况越来越差，反复的头痛和神经衰弱让他体力不支。

那位男学生在隔了一段时间去尼采家拜访时，怎么按铃都没有回应。于是他提心吊胆地从窗帘的缝隙中向里偷窥，看见尼采坐在窗户前，好像受到了惊吓似的。这之后不久，尼采便从工作了十年的大学辞去了教授的职位，提早进入了靠养老金生活的阶段。

之后，罹患进行性麻痹的尼采在完全失去知觉之前的九年间，还能一边去各地旅行一边写作，就是靠着瑞士政府提供给他的微薄的养老金。

尼采之所以不能完全适应社会而过早地成为一名隐士，便是因为他过于束缚自己的身体和内心，妨碍自己去适应社会。父亲不幸去世，幼小的尼采不得不背负沉重的负担，还有就是小时候受到母亲严格的教导，这一切经历都使尼采的内心越来越受束缚。

也许是为了从这一切束缚中脱离出来吧，尼采必须去杀掉上帝。可是，仅仅通过杀掉上帝的方式，当然无法使他已经扭曲的心灵完全恢复平衡。

害怕"黑狗"的海明威

对父母的反击可以成为孩子诞生出一个崭新的自己的原动力，但孩子同时也会产生罪恶感。尼采所谓的"超人"就是超越这样一种罪恶感的存在。尼采的情况同样如此，如果想从束缚中解放出来，必须跨越内心所具有的违背父母期待的罪恶感。

在尼采创造出"超人"哲学之前，他也曾被逼迫到自杀的危险边缘。这可以叫作真正意义上的躁狂性防御吧。而实际上，尼采阐述"超人"及永恒轮回思想的著作《查拉图斯特拉如是说》可以说是躁狂性防御的产物。这个时候的尼采经常服用水合氯醛的强力安眠药，而且为了控制剧烈的头痛和内心的绝望，他甚至吸食鸦片。

可是，躁狂性防御总有结束的时候，并不会永久持续下去。事实是，尼采最终又受到了抑郁症的折磨。

这样的事情并非只发生在尼采身上。作家海明威的情况与没有在社会上获得成功和名声的尼采形成了鲜明的对比。不仅海明威的作品畅销全世界，而且他还获得过诺贝尔文学奖。然而，即使是像海明威这么受欢迎的作家，也免不了承受脱离父母束缚的罪恶感。

和叔本华一样，海明威和身为歌剧歌手的母亲水火不容，而且他也把父亲的死归咎在母亲身上。和奥斯卡·王尔德的母亲相似，海明威的母亲也把海明威当作女孩子来抚养。然而不同于王尔德的是，海明威并不顺从于母亲，他一直想做一个有男子汉气概的人。无论是海明威、叔本华，还是王尔德，他们都对自己的母亲抱有排斥和憎恨心理，这种心理可以说是一种近乎生理上的厌恶感。可是当母亲去世后，他们又为自己曾经对待母亲的方式后悔不已。

与体弱多病的尼采相反，海明威拥有强健的身体，比别人更健康。即使是这样健康的海明威到了四十多岁，也开始变得萎靡不振，陷入酗酒和抑郁的恶性循环中。到了晚年，海明威的抑郁症越发严重，经常会害怕地叫道："'黑狗'来了！"渐渐地，海明威越来越觉得活着是一种无法忍受的痛苦，他寻死的冲动也越来越强烈。

后来，海明威以匿名的方式进了精神病院，接受了电击等治疗，可他并没有痊愈，经常背着妻子自杀，妻子只好把他带回医院。在即将登机的时候，海明威突然想跳进旋转着的螺旋桨中，于是立刻被人带到了附近的精神病院。在他第二次出院回到家后不久，妻子发现他的抑郁症有复发的迹象。因为有一次他们去附近的餐厅吃饭，海明威突然指着旁边桌子旁坐着的一位男子，小声地对妻子说："那人是CIA（美国中央情报局）的，是负责监视我的。"

海明威的抑郁症伴随有妄想的症状，他的抑郁症一旦恶化，就会出现自己破产了或者自己被政府机关监视的妄想。妻子害怕他再次出现这样的症状，时刻注意着他。即便是这样，两天之后的凌晨，海明威还是趁妻子睡觉的时候，偷偷从寝室溜出去，将一把猎枪放进口中，扣下扳机，凄惨地自杀身亡了。

急于求死的冲动

从海明威的案例当中我们可以看出，一个深陷抑郁之中的人抱有的求死冲动是多么强烈，这种冲动难以抵挡般地驱使着患者走向死亡。即使是精神和肉体都极为强健的人，也有可能轻易选择自杀。

充满行动力、表现活跃的人一旦陷入抑郁之中，会更容易萎靡不振，想要求死的冲动也更为强烈，海明威便是这方面的典型例子。

很多人都无法理解，为什么有些人会有如此强烈的求死冲动。就连大多数自杀者本人，在选择自杀之前，也无法理解为什么有些人会舍弃自己的生命，直到他们自身也走到了自杀这一步。那种深陷重度抑郁之中而急于求死的冲动，就跟有些人想要从猛烈的火灾中逃离和从高楼上跳下去的心情一样。他们觉得活着就像是被火焚烧一样，是一种连死亡都无法超越的痛苦。

我们首先要明白的是，抑郁症患者总是比他们表面上看起来更有自杀的危险。多数重度抑郁症患者不会亲口说出自己有想死的冲动。就像"假面抑郁""笑脸抑郁"所形容的那样，患者平时一般都会假装自己一切正常。抑郁症患者重视体面，比别人顾虑得更多，因此他们会极力压制自己做出让周围人担心的事情。

一直以来都健健康康，比别人更开朗更认真的人，也常常受到死亡的魅惑而选择自杀。他们内心有着强烈的罪恶感，认为自己没有继续生活下去的资格。他们正是受这种想法的驱使才走向死亡的。

潜藏在异常心理中的罪恶感

卡尔·荣格在其自传中曾经讲述过一个让人印象深刻的女性案例。这个案例是荣格在刚刚成为精神科医生时接触到的。案例戏剧性的治疗过程，也让荣格坚定了以后所感兴趣的领域。

这位女性之前被其他的医生诊断为患有一种几乎不可能治愈的病症，用现在的话来说就是精神分裂症，但荣格怀疑这位女性患的其实是抑郁症。

这位女性的女儿在四岁的时候因伤寒而死，从那以后，她就变得闷闷不乐。如果说她是因为自己最爱的女儿去世而受到打击才发病的，也是可以理解的。然而事实却是，她的症状在女儿死之前就已经出现了。也就是说，女儿的死并不是使她发病的根本原因。

荣格怀疑这位女性的内心还藏有什么不为人知的秘密。于是他开始着手从患者的梦话及联想测试中探究她潜意识里的东西。就这样，隐藏在患者内心中的秘密终于浮出水面。

原来这位女性在结婚前有过一个深爱的男人。因为她觉得这个男人对自己并不感兴趣，于是便和另一个男人结了婚。五年后，一个老朋友来拜访她。那个时候，她已经和丈夫生有一个四岁的女儿和一个两岁的儿子，一家人过得很幸福。可是当时朋友说漏嘴的一句话彻底打乱了她的人生。

　　和朋友叙旧时，朋友无意间谈起她之前所爱的那个男人，说在这位女性结婚的时候，那个男人受到了极大的打击。原来那个男人只是在她面前装作漠不关心，实际上一直爱着这位女性。

　　这位女性的抑郁症就是从那个时候开始的。几个星期之后的某一天，她带孩子们去泡澡。当时泡澡的水是河里并不干净的水，不能饮用，可是当她看到女儿喝搓澡海绵里的洗澡水时装作没看见。儿子想喝水的时候，她也把不干净的水拿给儿子喝。在过了伤寒病毒潜伏期后，可爱的女儿伤寒发作去世了。之后不久，这位女性便因重度抑郁住进了医院。

　　由于患上了抑郁症，对她来说，连抚育自己的孩子都变成了一件极其痛苦的事情。她对孩子的危险置之不顾，所以才导致悲剧发生的。也许她觉得如果没有了孩子，自己就可以和之前爱过的男人在一起了。可以说，她会患上重度抑郁症，完全是由她在并不完全知情的情况下对孩子见死不救而产生的罪恶感所导致的。

　　时至今日，虽然抑郁症的表现形式稍有不同，却时常发生类似这样将孩子虐待至死的悲剧。而且和这位女性一样，将孩子虐待至死的人也多患有抑郁症。有些人甚至觉得自己的人生被孩子剥夺了，为了实现从孩子的束缚中解放自己的愿望，才对孩子做出凶残的举动。

　　当然，也有与此完全相反的症状。有些人一旦陷入抑郁状态，就会认为是自己的某些行为才导致不幸的发生，这种症状称为"罪责妄想"。那位女性也有可能是因为自己的罪责妄想，觉得自己做了什么罪大恶极的事情，可是从之后的了解中，我们知道这一可能性并不存在。

荣格对这位女性采取的治疗方法相当残酷。

他坦白地将自己的诊断结果告诉了这位女性，让她认识到引起病症的真相。结果，这位女性仅在两个星期之后就恢复健康出院了，而且之后再也没有复发入院。当然，荣格没有把真相告诉其他同事。

从这个案例中，荣格不仅确信了只有将隐藏在内心的秘密明了化才能使患者恢复健康，同时也确立了自己的立场，认为不管是多么痛苦的真相，只有勇敢面对才能够解决问题。

为何害怕得到幸福

罪恶感是带有主观性的。虽然尼采和海明威都因为内心对父母的罪恶感而深受折磨，但事实上，他们并没有犯下什么真正的罪过。只不过是父母一直以来对自己的消极态度以及不幸的童年经历使得他们不得不产生那样的想法而已。

然而，被植入罪恶感的人经常禁止自己去得到幸福，他们还会刻意让自己有一个不幸的人生。这其中隐藏着一种"害怕幸福的心理"。

比如，有一个人遇到了自己的理想对象，而且马上就要结婚了，在别人看来这应该是这个人最幸福的时刻，可是他常常为此深感不安，因为他觉得"得到幸福是一件很可怕的事情"。对于这样一种心情，心理正常的人往往觉得难以理解，为什么在最幸福的时候会有这么消极的想法呢？可能很多人把这种心理简单地理解为"这个人只不过是用这种方式来表达结婚前的些许不安，并不是什么大不了的事情"。

但是，如果这种心理没有得到适当干预，多半会发展成一种精神病症。实际上，很多人在结婚前后所表现出的抑郁症或强迫性障碍、不安障碍等背后，大多隐藏着这样一种心理。

有一个女孩子在经历了一场轰轰烈烈的恋爱后，终于和一直深爱着自己的男人结婚了。不过，从结婚前开始，她就一直被某种精神病前兆所困扰，觉得"我真的很怕得到幸福，我真的可以幸福吗？"。可是，在周围人的祝福下，她还是举行了隆重的婚礼，开始了新的生活。

婚后不久，她就出现了奇怪的"症状"。她开始担心自己之前犯过的错误或过失会引起什么严重的事故。

比如，她担心在辞职结婚之前，自己所负责的产品存在严重的缺陷，会由此产生什么更大的危害；担心自己会在不注意的情况下开车撞到别人，然后又逃逸了。她开始为这些事情担心不已。太过在意时，她会读遍报纸的每个角落，看有没有类似事情的报道。而且她会用几个小时的时间来做这些调查。在确认没有什么相关的事情发生后，她会稍微松一口气，可到了第二天，她又会感到不安，然后重新做一次确认。不管如何调查确认，她总是无法感到安心，她就这样每天陷在好像自己犯了什么重罪的心情当中。

原本幸福的婚姻生活也因她的恐惧心理而变得完全不幸福了。最初还能勉强不被丈夫发现，可她做家务的时候越来越不得力，心情也越来越差。看着每天哭泣的妻子，丈夫不得不怀疑妻子有什么奇怪的地方。

之后她便开始了与病症斗争的漫长生活。几年后，她找到了笔者，而在这之前，她也在各种医疗机构接受过治疗，但不安的心理状态依然没有消失。

在治疗过程中，这位女性谈了几件与病症有很大关系的事。

她和丈夫开始交往时，很不自信，觉得对方会在哪一天抛弃自己。于是，她觉得反正最后都是要被抛弃的，不如现在就和对方保持距离，对男友的邀请也从来都是采取消极的态度。看到她如此消极的态度，男友觉得她根本没有和他谈恋爱的心思，于是俩人最后分手了。

过了一段时间，她听说男友已经和其他的女孩子在一起了。在一次公司的酒会上，她便接受了另一名男子的邀请，并与之发生了关系。这之后不久，男友找到她并向她求婚说："我不能忘记你，请嫁给我吧！"

女孩子当然明白自己真正喜欢的是眼前这个男人，所以对他的求婚简直是欣喜若狂，但同时她也心生内疚。虽说只有过一次，可是在他们分手期间，她和别的男人发生过关系。这位有洁癖的女孩子一直认为自己犯下了不可饶恕的错误。

觉得自己罪大恶极的强迫观念，以及必须找到自己罪过的证据的强迫行为，背后都隐藏着压抑在心底的罪责心理。

这名女性"我真的很怕得到幸福，我真的可以幸福吗？"的想法的背后隐藏的也可以说是一种觉得自己并不值得拥有幸福的心理。

笔者在了解到这位女孩子的情况后，从相反的一面来解决她的心理问题，比如告诉她说"可能是因为你越来越有魅力，或者是因为他害怕你会被其他男人夺走，所以才会爱你越来越深"等，渐渐地，这名女子承认了这相反的一面。她的病症也逐渐好转，可以积极外出游玩了。

她的病症已经恢复了七八成，可是还不能说已经完全恢复。在做家务的时候，她还会觉得自己是不是做过什么失败的事情；在逗弄亲戚家的孩子时，她也会担心自己伤害到孩子；对于生活和将来，她依然没有自信，态度非常消极。也就是说，这名女子根本的心理问题并没有得到解决。

之后不久，她在与笔者的谈话中经常谈起有关她母亲的事情。起初，她非常依赖作为专职人员工作的母亲，而且她的病症会在她回老家时稍微有所缓和。

可是，与笔者的谈话治疗开始后，她对母亲有了其他想法。她开始不断谈起母亲从来没有表扬过她，母亲从她身上看到的只有缺点，而且经常对她说"你那样不行，这样不行"的消极话语。当她凭自己的判断来决定做某件事的时候，母亲就会说"你肯定做不来"，而她也经常被迫按照母亲的要求去做事。渐渐地，她开始不会自己做决定，总是等候着母亲的指示来做事。尽管她长得非常漂亮，可是因为母亲常常对她说讽刺的话，她便深信自己其实长得很丑。

就这样，这名女子渐渐发现，她如此没有自信，多少是受了母亲对她的消极态度的影响。而她也发现，母亲这种经常性的批判否定态度，不仅仅是针对自己，对父亲和兄弟姐妹以及其他人同样也是如此。

这名一直非常依赖母亲的女子终于开始与母亲保持距离。对于母亲的要求，她也开始采取不服从的态度。她开始客观地看待母亲对待父亲和兄弟姐妹的态度，回想以前母亲是如何对待自己的。她深刻地体会到，她现在的心理病症与母亲那种不公平的态度其实就是凹与凸的关系，两者是紧密相连的。

而与此相反的是，这名女子觉得丈夫和丈夫的家人从来都不会批评他人，她总有一种自己的优点被他人完全接受的感觉，渐渐认为自己能遇到现在的丈夫真的是很值得高兴的事情。对于母亲，她开始能够坚定地表达自己的观点，而母亲也渐渐开始——至少在她面前——尽量控制自己说出批评性的话语来。

这名女子开始认识到，母亲会对自己如此强硬，也许与母亲是由养母养大，是在经常被养母批评的环境下长大的有关。而母亲一边工作一边爱护自己也很不容易，她开始对母亲表露出感激之情。最后她和母亲之间的感情变得比以前更深厚，充满爱意和信赖。

这个时候，她开始提出想要和丈夫有一个自己的孩子。

以前，她总觉得自己的事情已经够多了，根本没有时间考虑生孩子的事情，并且，一旦有人提起孩子的事，她就会感到焦躁不安。现在，虽然她有想要孩子的冲动了，但还是担心自己不能好好地养育孩子，会让孩子受到伤害。当然，这也是在她想要孩子之前会有的心理吧。

另有隐情

上文中的女子因为自己之前所犯的过错产生了自卑心理，所以一直深信自己犯了很大的罪过，内心深处又隐藏着从小就被灌输的自我否定观念，认为自己是犯过错的无能的人，没有被他人爱的价值。

一般情况下，当患者延误了这种病症的治疗时，患者内心所存在的多层心理问题构造（类似这个案例）会导致病症演变为一种更强化的心理问题构造。

从另一种角度来看，这个案例是因为患者对从母亲的支配中独立出来持抵抗情绪，所以才出现了这样的心理病症。这也可以从患者一回到家病症就减轻，而一到丈夫身边病症就加强这一点看出来。

表面上看是因为患者觉得自己曾经做过对不起丈夫的事情。可是，在之后的谈话中我们发现，她的病症是自身为了从对怀孕以及生育孩子的不安心理中摆脱出来的一种防御手段。与自己的罪恶意识相比，怀上丈夫的孩子后自己到底能不能将孩子好好地抚养长大更让她不安。

也就是说，在她"我真的害怕得到幸福"的话语中还隐藏着另一层意义，即她所谓的得到幸福，就是指和丈夫生一个孩子。因此，这句话表明了患者这样的想法：我对我们生一个孩子以及抚育孩子很是不安。

自我否定的陷阱

与罪恶感相结合，使人的内心坠入无底深渊的就是自我否定的心理。

一个人如果只是适当消极否定地看待自己，那么可以说这是一种谦虚的表现，是这个人的美德或优点。但如果太过否定自我，深信自己没有被爱和生存的价值，最终就会迈进异常心理的领域。

固执于自我否定的人无法重视自己的存在，他们只会做出伤害自己或是贬低、有损自己的行为。

他们中有些人能意识到自己正在做伤害自己的事情，也有些人完全意识不到这一点，总是在无意中做出伤害自己的行为。

还有些人喜欢冒死做一些极其危险的事情，虽然知道那么做对自己的身体有害，但仍然会炫耀似的反复去做；也有些人会不断浪费自己得到的机会，这样的人大多内心抱有一种自我否定的心理。正是因为心底所隐藏的这种自我否定心理，有些人虽然没有自杀，却在反复做着可以说是"慢性自杀"的行为。

自我否定的表现形式多种多样，如果自身意识不到，就会左右人的行为，并使人生成某种不可理解的嗜癖或是依赖行为。

试图用金钱购买友情的心理

自我否定心理的产生与被他人所爱的安全感不足有关。追根溯源，大多是因为小时候没有从父母那里得到无私的爱与肯定。

在人际关系上安全感的缺乏经常表现在和朋友或同事之间的关系上。友情本来就是一种不求任何回报的对等关系，而抱有自我否定心理且缺乏安全感的人很难与他人建立这样一种对等的人际关系。

很多时候，有些人会觉得不用付出任何代价就能让对方关心自己很不真实，于是经常把支付对方物品或是金钱的行为作为获得对方关心的代价。有时候他们还会通过直接赠予对方礼物或金钱的方式来获得对方的关心。他们不断地赠送对方礼物，请对方吃饭，等等，可是结果却是，本来想要和他们以一种对等关系交往的人，感到很难与他们相处，最后选择了离开。不仅如此，到最后他们身边只剩下以物和钱为目的的人。他们一心想着用礼物或金钱来购买友情或爱情，结果却导致真正的友情或爱情离自己远去，身边只剩下一些"假冒伪劣产品"。

这种心理的萌芽被证实发生于幼儿期后期到上小学低年级的时候。

具有强烈依恋不安心理的孩子会通过把自己的玩具或东西赠予其

他小朋友的方式来使周围的小朋友喜欢自己。这样的孩子长大后，对周围人的脸色极为敏感，无法与人建立对等的人际关系，只会通过自己单方面地给予对方礼物或金钱的方式，来维持自己的人际关系。

这种类型的孩子一旦到了青春期，开始考虑与异性建立关系的时候，就会与异性形成一种特殊的人际关系。典型的例子便是通过将自己的身体作为礼物的方式，来获得对方对自己的兴趣。如果有人想和自己发生肉体关系，虽然自己并不喜欢对方，但是也无法拒绝。

痴迷"牛郎"的人

十九岁的奈美一听到"牛郎"问候自己，即使心里明白对方只是出于工作需要，她也会不由自主地觉得对方人很好，最后沦落为"牛郎"的金主。奈美也知道追捧"牛郎"实在很傻，可是听到"牛郎"问候的声音她就招架不住。

奈美也知道两个人之间只是一种交易关系，但正因为是偶然碰面的关系，所以她可以把难以启齿的秘密或者所受的伤害告诉对方。当她说自己曾经割腕自虐，并把手臂上的伤痕给对方看时，对方就会温柔地抚摸着她的头，说："真是太不容易了！"对方这么一说，奈美就觉得对方可以理解自己的任何事情，更被迷得神魂颠倒了。

可是奈美心里明白，"牛郎"们其实正在背后笑着说："这样的女人，只要抚摸一下她曾经受伤的手臂，并对她温柔地说点甜言蜜语，她便招架不住了。"可是即便如此，她也希望对方能假装很温柔地对待自己。如果对方能对自己好，她什么都愿意为对方去做。

奈美的前男友也只是嘴上会说些甜言蜜语，实际上整天不工作，一直拿着奈美挣的钱游手好闲。可即便如此，奈美也不想让男友不高兴，一直给他钱花，而那钱却是奈美靠着晚上出卖自己的身体挣来的。后来奈美厌烦了俩人之间这样的恋爱关系，开始经常吵架，后来便分手了。可是，男友刚离开不久，奈美就觉得一个人的日子很是不安，越来越绝望，后来因服用了大量的感冒药和安眠药而被送去抢救。

现实中，像奈美这样常常感到寂寞且容易受伤的女性到处都是。这样的女性很容易被以金钱和身体为目的而靠近自己的狡猾分子所欺骗。而明知自己被骗，她们依然依赖这样的关系。因为在这样一种虚有其表的伪装关系下，还有一个毫无保留接受自己的人存在。

隐藏在依赖欲望背后的爱情饥渴

奈美这类人的特点在于，他们的内心充满强烈的爱情饥渴。因为太过渴望得到爱情和关怀，他们就像把任何食物都看成美味佳肴的人一般，把他人伪装的关怀或者口头上的爱情当作可以满足自己欲望的东西，并误以为那是他人重视自己的表现。

通常，越是想要欺骗对方的人就越会玩弄花言巧语，因此人们很容易被这些人所欺骗。被对方多番利用，有时还会受对方暴力控制，可是充满爱情饥渴的人从来不会把对方往坏处去想。他们无法看到对方不好的地方，只是一直想着对方曾经对自己所说的甜言蜜语。因为他们只有时刻相信对方是爱着自己的，才能继续生存下去。

奈美这种类型的人无法一个人生活。一旦没有人在自己身边，他们就会感到极为不安。没有人陪在自己身边，没有人在自己的耳边温柔细语，他们就会心神不定、忐忑不安。因此，即使知道对方是个烂人，只是想到要和对方分手，他们就已经感到活不下去了。哪怕自己受点苦，只要能紧紧抓住对方，他们也愿意。他们坚信，没有人在自己身边，自己一个人是无法生活下去的。

我们称这种类型的心理病症为"依赖型人格障碍"。其主要特征就是，患者深信自己无法在不依赖他人的情况下生活下去。因此，患者很容易受到他人的支配，并且他们只有在被他人支配的情况下才会感到安心。

像奈美一样自我否定感强烈而且反复自虐的人，不只是具有依赖型人格障碍，而且还患有边缘型人格障碍。具有依赖型人格障碍的人在被他人抛弃之后，多会陷入边缘型人格障碍的心理状态中。

依赖型人格障碍患者在无法支撑自己的情况下，还会沉溺于药物或酒精当中，或者热衷于某个新兴宗教，心仪于某个反社会人物并和其一起犯罪，等等。有的时候患者本身是个温柔善良的人，只是太容易受到周围人的影响，太容易受到周围人的精神控制，所以才会像换了一个人似的，做出与原本的自己完全不相符的事情。

不惜出卖肉体的心理

患有依赖型人格障碍，进而患有边缘型人格障碍的人，都缺乏基本的安全感及自我肯定，其根本原因多是曾有过不被父母认可的经历，从小就没有得到过父母的爱。

依赖型人格障碍的患者，从小对父母言听计从，他们通过这种方式来讨父母的欢心，让父母认可自己。因此，这样的人长大后一旦没有遵从对方的要求，不去讨好对方，就会觉得自己犯了什么重大错误，感到万分不安。

边缘型人格障碍的患者，多数情况下小时候父母就对其不管不顾，或者母亲的关心总是变化无常，他们在一种极度缺乏安全感的环境下长大。这样的人与母亲之间的依恋关系很不稳定，经常会担心自己是不是被母亲抛弃了，不确定自己和母亲的关系以后会如何发展。同样，他们也很难对其他人产生真正的信赖和安全感。

和奈美一样，这些人一旦找到可以依赖的对象，就会把对方当作白马王子或是天使，对其过度信赖，结果只能是竹篮打水一场空，反复周旋于被背叛或背叛的结局当中。

不管生活环境多么贫苦，对孩子来说，只要父母给予他足够的爱，他就会像公主或王子一样长大。即使没有金钱，如果孩子是整个家庭的宝贝，那么所有的人都会把这个孩子的一举一动放在心上，把所有的精力花在他身上，照顾他，对他的茁壮成长感到欣喜若狂。然而，患有依赖型人格障碍的人没有得到过家人的关注，他们在家庭中多是配角。

发生在奈美身上的故事也是一种典型的情况。奈美有一个比自己大两岁的姐姐，可是姐姐从小体弱多病，小时候就患有哮喘，比起身体健康且不用父母操心的奈美，母亲把所有的关心都倾注在了姐姐一个人身上。而且，奈美一直觉得姐姐头脑聪明，长得也漂亮。实际上，奈美也非常漂亮，但是因为母亲总是在自己面前赞扬姐姐，所以奈美从小就被灌输了自己比不上优秀的姐姐所以谁都不会表扬自己的思想。

像奈美这样从小就被当作配角抚养长大的人，一旦体会到只属于自己的被关心的感觉，他们就会感到一股强烈的快感，就会被那种惬意的心情所吸引。年轻女性每月愿意花费几十万日元甚至不惜出卖自己的身体往来于各类"牛郎"之间，也多是受这样一种心理的操纵。

半求半不求的自杀心理

如果一个人从年轻时起就一直企图自杀或是沉浸在自虐行为当中，那么这个人所抱有的求死的冲动就会变成一种慢性的、持续性的自杀行为。这样的人大多具有比较严重的自我否定心理，同时难以与他人建立一条有安全感的爱的纽带。而这两种情况多是由小时候没有从父母那里得到足够多的爱，或是有过被父母抛弃的经历所导致的。

就在最近，一项具有冲击力的研究结果问世了。

研究对象分为两类：患有抑郁症的年轻人和心理正常的年轻人。研究人员让他们分别与自己的母亲谈话，并将谈话过程录了下来，然后通过机能性 MRI（磁共振成像）调查他们脑部的活动。结果发现，心理正常的年轻人与自己的母亲谈论积极性的话题时，与跟其他人谈话相比，其前部带状回、吻侧颞叶和线条体的活动更为活跃，这也证明心理正常的年轻人在跟自己的母亲谈话时，更能体会到共鸣和身心的惬意。

然而，患有抑郁症的年轻人与不是自己母亲的人谈论积极性的话题时，其脑部反应与心理正常的年轻人没有区别，而只有在听到自己母亲的声音时，患有抑郁症的年轻人的反应才比心理正常的年轻人更为迟钝[1]。这一实验结果也就暗示，患有抑郁症的年轻人多与母亲之间有一种不稳定的依恋关系，这些患者所具有的自我否定心理也与缺乏母亲的正面支持息息相关。

一些年轻气盛的人也会有伤害自己，希望自己从世界上消失的求死冲动。这一冲动在演变成一场悲剧的同时也会产生一种奇妙的矛盾事态。正因为自己年轻，这些年轻人在求死的同时也有一种继续活下去享受人生的欲望。他们这种求死和求生的冲动，会在内心形成一种进退两难的矛盾心理，使得他们在两种冲动间不断徘徊，反复挣扎在危险边缘。

就像俄罗斯轮盘一样，他们在拨动生命的轮盘求死的同时，也享受着自己的人生。然而，一旦他们在一瞬间失足，想要活着的愿望就会连同自己一起坠入死亡的万丈深渊。这就是半求半不求的自杀心理。

摇滚歌手尾崎丰的著名歌曲《毕业》，时至今日仍然受到大众的狂热追捧。他的遗书在近日被公开后，人们又开始关注他的死亡之谜。那封遗书暗示，尾崎的死至少是广义上的自杀。可是，在他的遗书中所写到的"再见，我会做梦的"，一方面从字面上可以看出他想自杀的心理，而另一方面又深深地反映出，比起想要自杀的冲动，他内心更多的是对生存的留恋和想要紧紧拥抱生命的愿望。而且，在他的另一封写给妻子的遗书中，其言语间无不流露出他对妻子和儿子的

---

1 Whittle et at., 2011。——原文注

爱和祝福。这不禁让人觉得，这位拥有纯粹灵魂的艺人即使是在遍体鳞伤的时候，也依然真心地想要生存下去。

又或者在他想要自杀的时候，他只需转动一下生命的轮盘，再赌一把，说不定他也会遵天命继续生存下去吧。

不需要完美的人生

　　这种类型的人大多在度过从十几岁到三十五岁这一不稳定的时期后，会逐渐沉着冷静下来。也就是说，如果能安全度过那段时期，人们求死的冲动就会逐渐淡化下去。因为过了那段时期，人们在克服自我否定感的同时，可以对自己的人生做出适当的妥协。年轻时，人太过于追求完美。然而随着年龄的增长，他们会发现，所谓完美的人生只不过是自己在脑海中描绘的一幅图画而已，自己的人生即使是不完美的，也能从现有的事物中找到自己的价值所在。

　　虽说中老年人的自杀与年轻人的慢性自杀有着不同的特点，可是选择死亡时的心理状态，中老年人和年轻人是一样的，那就是认为自己没有生存价值的强烈的自我否定心理。

　　另外，容易陷入这种心理状态的人通常具有相同的性格倾向，那就是非黑即白的二分法思维方式。二分法思维方式也可以说是一种完美主义。这样的人什么事情都要追求百分之百的完美，如若不然，他们就会觉得一切都一无是处。对具有自我否定感及求死冲动的人来说，他们会觉得自己的人生与自己所追求的人生是完全不同的，自己已经没有生存下去的价值了。人们一旦陷入自我否定的心理状态中，那么不管在现实人生中取得了多么优秀的成绩，他们就都会深信自己一无是处。

为什么曾经获得诺贝尔奖的海明威和川端康成非选择自杀不可呢？其中就与他们过激的完美主义有关，他们无法忍受自己不完美的人生。然而归根结底，两个人都是因为没有得到过父母的爱才造成了如此严重的心理创伤。

不能灵活变通的二分法思维方式，其根本就在于人们的自我否定心理，而这种心理多数情况下是由没有得到过父母的爱和认可导致的。当这种心理进一步与否定自我价值的现实状况相重叠时，就会将一个人击倒，让其怀疑自己生来就没有意义。

为何完美主义与自我否定有关

　　为什么非黑即白的二分法思维方式会与自我否定有关？因为二分法思维方式是由自我否定出于保护自己的目的发展而来的。

　　觉得自己被父母抛弃，认为自己一无是处的孩子，当他们完成一件事并得到周围人的评价的时候，心中就会出现两个自己，一个是受到周围人肯定的自己，一个是被否定的自己。被否定的自己没有任何长处，是个无可救药的人，而正因为如此，这样的自己才会希望自己一直是个受到周围人肯定的人。由此，孩子就会渐渐希望自己成为一个完美的人，渐渐对不完美、无价值的自己感到惊恐和蔑视。也因此，面对不完美的自己时，孩子会感到越来越强烈的愤怒及挫败感。

　　只要事态的发展大致是理想的，没有伤害到自己的自尊心，他们内心所隐藏的自我否定就会被"自己是完美的"这一想法所覆盖，不会在表面上显现出来。

　　可是，当事态的发展偏离自己理想的计划时，一直所采取的由完美主义来保护自身价值的防御战略就会倒塌。这时，完美主义者会拒绝接受现状，并把无能为力这种不完美状态当作一件不可饶恕的事情来不断鞭策自己。一直以来保护自身价值的完美状态无法维持，自我否定就会再次邪恶地露出头角。

无论如何追求完美主义，都无法克服隐藏在内心深处的自我否定。而且，通过完美主义的策略来达到保护自己的目的的行为也是极度危险的。当事态进展顺利时，这一策略会发挥有效的作用，而当事态的发展遇到挫折时，这一策略不但保护不了自己，反而会把自己逼到绝境。因此追求完美的人生，根本无法真正保护自己。

摆脱非黑即白的思维方式

人们为什么会陷入非黑即白的二分法思维方式当中？又该如何从中摆脱呢？

给出最明确回答的就是来自美国的精神科医生玛莎·莱恩汉。莱恩汉在研究反复企图自杀及自虐行为的边缘型人格障碍的治疗方法后，得出了这样的结论：边缘型人格障碍的根源在于统合对立的机能不健全，只有重新获得统合机能，克服二分法思维方式，才能改善这一心理状态。

对具有二分法思维方式的人来说，失败与成功是对立的，不管自己怎么做都只会失败，他们陷入了这种思维方式中。可是，现实是失败常常是成功之母，人们正是在经历了诸多失败之后才成功的。

也就是说，失败和成功虽然在语言上是两个对立的概念，但也仅仅是语言上的制约而已。从真正意义上来说，失败和成功并非两个相互对立的概念。失败和成功具有连续性，它们是彼此的必要条件，只是截面不同而已。

对能从统合的角度、广阔的视野看待事物的人来说，即使经历失败，他们也不会把自己的一切都看成失败，他们会觉得失败只是为了让自己做好成功的准备。而如果是具有过强的二分法思维方式的人，哪怕只是一次失败，他们也会感到一切都失败了，进而挫败不堪。

有不好的事情发生在自己身上，这并不代表自己的整个人生都是如此。有时坏事也会变成好事，正因为有坏事发生，当好事发生时才会有更强烈的喜悦之情。如果你能够这样想，你就是个有平衡感的统合思维发达的人。

对容易陷入二分法思维方式的人来说，哪怕坏事只在自己身上发生了一两次，他们也会觉得自己做的所有事情都是失败的，自己的将来也只能是失败的。

那么，我们应该怎么做才能克服这种二分法思维方式呢？

为此，莱恩汉确立了一种行之有效的方法，叫作辩证行为疗法。这种方法并不是以事物否定的一面为焦点，而是促使人们将事物的焦点集中在肯定的一面上。即使坏事发生了，其中肯定还会有些好的东西存在。辩证行为疗法正是从这种角度来指导人们正确看待事态发展的。在医生为患者带头示范这样一种思维方式的持续治疗中，患者也会渐渐形成这样一种思维方式。

即使是已经失败的事情，也依然能肯定其背后有某种意义所在，通过这样的思维方式，患者能够感觉到自我价值的存在，从而使其内心所具有的自我否定心理得到缓解。

这一方法与只有在孩子获得完美的成就时才表扬孩子的行为完全相反。这种辩证方法通过使人们认识到即使是在不完美和失败中也存在着价值这一点，来帮助人们从如果不完美就失去自我价值的思想中逐渐解放出来。

也就是说，如果想要孩子以后的内心充满自我肯定感，并具有极其稳定的人格特征的话，比起只有在孩子出色地完成目标时才赞扬孩子，更重要的是在孩子没有顺利完成目标时也能从中发现孩子的优势所在，并对其加以肯定。

在这种教育方法下成长起来的孩子不会害怕失败，也不会把失败当成失败，而是试图从失败中吸取教训。而且，孩子也不会因为失败就认为自己毫无价值，他们会认识到失败也有其意义所在，并从失败当中得出意义。教会孩子掌握这种思维方式，对孩子以后的成长多么有利，这一点恐怕是不言而喻的吧。

反过来说，陷入二分法思维方式，拘泥于追求完美的人，一般都是只在取得优秀成绩时才会得到肯定的人。他们大多是在不完美就没有价值的观念下长大的。也就是说，从真正意义上来讲，与肯定孩子的价值，爱护孩子相比，他们的父母更注重在孩子取得优秀成绩的前提条件下给予孩子爱和认可。

在这样的教育下，孩子如果达不到父母的要求，辜负了父母的期望，就会得到父母否定的评价。他们从来就没有得到过父母无条件的肯定。莱恩汉认为，二分法思维方式就是由父母对孩子直截了当的不认可态度引起的。

为了幸福的人生

完美主义及非黑即白的二分法思维方式导致人们走向不幸。无论一个人有多大的才能，身处多么让人羡慕的环境，一旦他陷入完美主义或二分法思维方式中，这个人就容易产生自我否定的心理，从而走向不幸。为了不让我们的人生陷入不幸，我们必须防止自己受到二分法思维方式的侵害。

完美的自己并不是最好的。一个人若一味追求完美，他就有可能为自己不幸的将来"做准备"。与完美相比，不完美的事物才是最稳定的。我们只有接受自己的不完美，并将它展现出来，才会得到他人的爱和认可。

即使人生中有不如意的事情发生，我们也要把它当作人生的一种乐趣。不如意之事也有它的意义，从这样一种角度出发，努力从不如意中找到隐藏的财富，我们才会收获幸福。哪怕面对的是煎熬或失败，也要苦中作乐。

在事态进展顺利的时候，享受幸福就好；当事态进展不顺利时，也别有一番滋味。事后我们会感慨不如意的、苦苦挣扎的时候才是自己最努力地为生存奋斗的时候。成功的光辉固然会带给我们一些幸福的感觉，可在痛苦郁闷的日子中更能体会到更深层次的人生哲学。无法言语的苦闷、悲伤、后悔和遗憾，正是这些消极情绪使我们的人生成为真正的人生。

只拥有幸福的人生就像只能吃甜甜的蛋糕一样，总有一天你会受不了。无论是幸福还是不幸，我们每个人的人生都是有好有坏的。

说一个人有多幸福，不是看有多少多于他人的好事发生在他身上，而是看他能从坏事中发现多少可取之处。

结 语
Epilogue
异常心理的根源

以上七章讲述了很多异常心理的情况。虽然它们表面上看起来不同，但是大家没感觉出它们的本质其实都是相通的吗？从另一个角度来看，通过异常心理，我们可以了解到人类生存所必需的基本欲望。

当这些欲望被破坏时，人就会被吞进异常心理的世界当中，就会不断做出旁人无法理解的行为。

那么，从大部分异常心理中，我们了解到的人类最根本的欲望又是什么呢？

人类最根本的欲望，就是本能地将自己保护起来的欲望以及谋求他人认可和爱的欲望。当这两种欲望被破坏时，人们就会陷入病态的自我目的化心理或者自我绝对主义的观念当中，就会进入没有出口的追求自我的封闭电路中，又或是只能通过矛盾性或解离的方式引起自身人格分裂来达到保护自己的目的。

如果这两种最根本的欲望能够在日常生活中得到满足，人们就不会陷入异常心理之中。可是没有谁会一直处于这样的顺境当中，那么当这两种欲望得不到很好的满足时，我们应该怎么办呢？

重要的是，不要陷入自我目的化或自我绝对主义的封闭电路中。我们需要时常审视自己的行为，切记不要拘泥于某种狭隘的价值观或者一种观念。所谓的拘泥就是固执、死心眼。如果觉得自己没有这种固执就无法生存下去的话，那你就错了，相反，这种固执只会使你人生的可能性变得越来越少。

另一点就是与他人之间的沟通。即便我们一时陷入封闭电路中，也可以借助他人的帮助从中脱离出来。哪怕身边只有一个可以谈心的对象，只有一个让我们有安全感的人，只要借助这个人的帮助，我们被逼到绝境的概率也会降到半成以下。从这层意义上来说，平时一定要看重与身边朋友的关系。

随着全球化的加剧及社会差距的不断扩大，人们越来越只顾追求自身利益及生活的舒适，反复进行着弱肉强食的残酷竞争，不达目的誓不罢休。每个人都被卷入这场竞争当中，人们开始对他人的痛苦无动于衷，只知道躲进自我目的化及自我绝对主义的堡垒当中。

二〇一一年三月十一日，一场袭击东日本的巨大地震和强烈海啸吞噬了很多无辜的生命，这也成为日本历史上的一大惨事。那些一代一代传递下来的生命，以及人们花了那么长时间才创建起来的家园、街道都在一瞬间消失得无影无踪，我们也从这股强大的灾难力量中认识到了大自然的恐怖和人类的无能为力。

惊悚的核电站事故以及无以计量的重大损失在某种意义上也告诉

了我们，当人类贪婪地追求享乐的欲望达到极限时，势必会走向绝望的深渊。

然而，即便在如此绝望的状况下，我们在挽救自我的同时也吸取了教训。即便面临一切都被夺走的惨状，灾区的人们依然冷静地保持着秩序以及自己的同情心，这一点也让海外的人们惊叹与赞赏。这并不只是因为日本东北地区的人们拥有那种坚忍不拔的精神，还因为他们一直都特别看重人与人之间的纽带。

在强烈的危机意识中，我们开始重新审视社会应有的状态及生活方式，也重新认识到人与人之间的纽带和沟通的重要性。

如今我们再次面临应该如何生存，应该如何与人联系的问题。每个人都不想失去内心的依靠，都在追求一种全新的社会体系及平衡的生存方式。

为了能在混乱的时代中坚强地生存下去，我们首先能做的难道不是在珍惜与身边人之间的纽带的同时，有一颗能对任何细微的事物都深感幸运的丰富的内心吗？

冈田尊司

二〇一一年十二月

著作权合同登记号：字 18-2020-092

图书在版编目（CIP）数据

怪癖心理学 /（日）冈田尊司著；颜静译 . -- 长沙：
湖南文艺出版社，2020.8（2025.5 重印）
ISBN 978-7-5404-9716-3

Ⅰ . ①怪… Ⅱ . ①冈… ②颜… Ⅲ . ①变态心理学—
通俗读物 Ⅳ . ① B846

中国版本图书馆 CIP 数据核字（2020）第 112920 号

上架建议：畅销·心理学

GUAIPI XINLIXUE
怪癖心理学

著　　者：[日]冈田尊司
译　　者：颜　静
出 版 人：陈新文
责任编辑：丁丽丹
监　　制：毛闽峰
策划编辑：陈　鹏
特约编辑：赵志华
版权支持：金　哲
营销编辑：刘　珣　焦亚楠
封面设计：利　锐
版式设计：李　洁
出　　版：湖南文艺出版社
　　　　　（长沙市雨花区东二环一段 508 号　邮编：410014）
网　　址：www.hnwy.net
印　　刷：三河市天润建兴印务有限公司
经　　销：新华书店
开　　本：680 mm × 955 mm　1/16
字　　数：190 千字
印　　张：16.5
版　　次：2020 年 8 月第 1 版
印　　次：2025 年 5 月第 9 次印刷
书　　号：ISBN 978-7-5404-9716-3
定　　价：52.80 元

若有质量问题，请致电质量监督电话：010-59096394
团购电话：010-59320018